探索地理的奥秘

本书编写组◎编

TANSUO
XUEKE KEXUE
AOMI CONGSHU

世界图书出版公司
广州·北京·上海·西安

图书在版编目（CIP）数据

探索地理的奥秘/《探索学科科学奥秘丛书》编委会
编．—广州：广东世界图书出版公司，2009.10（2024.2 重印）
（探索学科科学奥秘丛书）
ISBN 978 - 7 - 5100 - 1051 - 4

Ⅰ．探… Ⅱ．探… Ⅲ．地理 - 世界 - 青少年读物 Ⅳ.
K91 - 49

中国版本图书馆 CIP 数据核字（2009）第 169487 号

书　　名	探索地理的奥秘	
	TAN SUO DI LI DE AO MI	
编　　者	《探索学科科学奥秘丛书》编委会	
责任编辑	程　静	
装帧设计	三棵树设计工作组	
出版发行	世界图书出版有限公司　世界图书出版广东有限公司	
地　　址	广州市海珠区新港西路大江冲 25 号	
邮　　编	510300	
电　　话	020-84452179	
网　　址	http://www.gdst.com.cn	
邮　　箱	wpc_gdst@163.com	
经　　销	新华书店	
印　　刷	唐山富达印务有限公司	
开　　本	787mm×1092mm　1/16	
印　　张	13	
字　　数	160 千字	
版　　次	2009 年 10 月第 1 版　2024 年 2 月第 9 次印刷	
国际书号	ISBN　978-7-5100-1051-4	
定　　价	49.80 元	

前　言

在我国古代，人们都认为"天圆地方"（又称"称天说"），即天是圆的，地是方的。但是天如果是圆形的，又如何与方形的地连接起来呢？所以在战国末期，又出现新的"盖天说"，即认为天是一个穹形，地也是一个穹形，就如同心球穹，天地之间相距八万里。北极是"盖笠"状的天穹的中央。太阳围绕北极旋转，太阳落下并不是落到地下面，而是落到了人们看不见的地方，就像人拿着火把跑远了。但是这种学说也存在缺陷，如太阳东升西落，它从哪里来，又到哪里去了呢？日月在东升以前和西落以后究竟停留在什么地方？

到东汉时，著名的天文学家张衡提出了完整的"浑天说"构想，"浑天说"的提出为人们解答了"盖天说"无法解释的地方，"浑天说"认为天和地就像鸡蛋中的蛋白和蛋黄的关系，地被天包围着。"浑天说"中天的形状也不再是半球形的，而是一个南北短、东西长的椭圆球。大地是一个球，但这个球是浮在水面上来回飘荡的，也有人说地球是浮在气上的。

除了"盖天说"和"浑天说"之外，"宣夜说"也是我国天文史上很有建树的构想。"宣夜说"认为宇宙是无限的，宇宙中充满着气体，所有天体都在气体中漂浮运动。星辰日月的运动规律是由它们各自的特性所决定的，没有任何坚硬的天球或者本轮、均轮来束缚它们。"宣夜说"也创造了天体漂浮于气体中的理论，并且在它的进一步发展中认为连天体自身（包括遥远的恒星和银河）都是由气体组成的。这种见解竟然与现代天文学的许多结论相一致。

此后，又出现地心说、日心说等，直到天文望远镜的发明以及后来的宇航探索，人们才逐步了解到地球围绕着太阳旋转，和其他星球组成太阳系一起围着银河系运动。

从古至今，人们不仅对地球之外的宇宙环境十分好奇，也对地球内部的奇异自然景观和文明历史有着浓厚的研究兴趣。

地球是我们赖以生存的家园，神奇而美丽。它孕育出了绮丽的地理景观，与人类创造的文明奇观交相辉映，我们惊叹大自然鬼斧神工的同时，也更被古人的卓越智慧和创造力深深折服。神奇的自然景观给我们带来了无尽的遐想，带着神秘面纱的人文古迹也留给我们无数的猜想。因此，当我们在欣赏这些神秘的地理奇景和文明奇观时，常常会萌生出探索隐藏在它们背后的真相的想法。

这些探索既是对未来世界的思索，也是对人类智慧的寻访。人类科技文明的进步正是这永不停息的探索铺就的，古往今来的科学家正是在这条路上用他们的智慧和汗水为我们建立起一个又一个的路标，指引着我们解开一个个神秘的谜团。

本书是一本集趣味性和知识性于一体的图书，收录了大量已解和未解的地理谜团，力争将地球上的众多奥秘一一解答，让您在获取阅读快乐和增加对地球了解的同时，激发探索的精神。

编　者

目　　录

奇山异谷惊石怪洞 ································· 1

布朗山之光 ··· 1

海底平顶山 ··· 2

威力很小的"泥火山" ··························· 4

排列整齐的单面山 ······························· 4

供神仙"下棋"的山 ····························· 5

奇异的"水山" ····································· 6

奇异的平头山 ······································· 7

有天然隧道的山 ··································· 7

中间有井的空心山 ······························· 8

神奇的"雪山" ····································· 8

移动的南极冰山 ··································· 9

会喷冰的火山 ······································· 9

死尸之地——梅南加伊火山口 ··············· 10

富士山形成之谜 ··································· 12

神秘的死谷 ··· 13

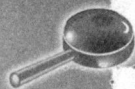

鲜为人知的科尔卡峡谷 …………………………… 14

阿苏伊尔幽谷有多深? …………………………… 15

莫赫陡崖 …………………………………………… 15

40万根海岛石柱 …………………………………… 16

火山熔岩的杰作 …………………………………… 17

亚平宁的水晶石笋 ………………………………… 18

不会沉的浮石 ……………………………………… 19

奇异的沸石 ………………………………………… 19

海下光石 …………………………………………… 20

外形像鸟的化石 …………………………………… 21

美丽的石圈阵 ……………………………………… 22

石怪公园 …………………………………………… 22

孕子石 ……………………………………………… 23

石头的纹圈 ………………………………………… 23

"气泡"石 ………………………………………… 24

从何而来的石球? ………………………………… 24

"救星石" ………………………………………… 25

石林 ………………………………………………… 26

夜明珠是石头吗? ………………………………… 28

景色别致的溶洞 …………………………………… 29

火龙洞 ……………………………………………… 30

一山三奇洞 ………………………………………… 31

神奇的奇风洞 ……………………………………… 31

墨西哥的"水晶洞" ……………………………… 33

"好色"的魔洞 …………………………………… 33

海洋江河湖泊山泉 ……………………………… 35

五湖四海在哪里 ……………………………… 35

马尾藻海 ……………………………………… 37

珊瑚海 ………………………………………… 37

大西洋的中脊 ………………………………… 39

神奇的海上之光 ……………………………… 41

海底"风暴"哪里来 …………………………… 43

海底为何有许多小坑 ………………………… 44

好望角为何多风暴 …………………………… 45

向西流的倒淌河 ……………………………… 46

神出鬼没的河流 ……………………………… 48

来自峭壁上的河流 …………………………… 49

神奇的双色河 ………………………………… 50

可以常年洗热水澡的河 ……………………… 50

罗布泊之谜 …………………………………… 51

变幻多姿的乍得湖 …………………………… 53

死海会死吗 …………………………………… 55

时隐时现的湖 ………………………………… 56

色彩迷人的湖 ………………………………… 57

被魔窟吞没的湖 ……………………………… 58

"双胞胎"湖 …………………………………… 58

镜泊湖 ………………………………………… 59

生产沥青的湖 ………………………………… 59

奇特的阴阳湖 ………………………………… 60

湖面当路面的湖 ……………………………… 61

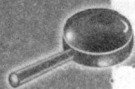

三色湖 ……………………………………… 61

东咸西淡的湖 ……………………………… 62

甜湖 ………………………………………… 63

沸湖 ………………………………………… 63

奇妙的"火湖" ……………………………… 64

岩浆湖 ……………………………………… 64

玛瑙湖 ……………………………………… 65

中国第一大淡水湖 ………………………… 66

蛋卷湖 ……………………………………… 68

神奇的的的喀喀湖 ………………………… 69

抚仙湖的"界鱼石" ………………………… 70

鄱阳湖的魔鬼水域 ………………………… 72

老实的间歇泉 ……………………………… 75

能预测天气的泉 …………………………… 76

水火泉 ……………………………………… 77

虾泉 ………………………………………… 77

水位稳定的泉 ……………………………… 78

胆小如鼠的泉 ……………………………… 78

蝴蝶泉 ……………………………………… 79

药泉 ………………………………………… 79

冰泉 ………………………………………… 80

甘苦泉 ……………………………………… 80

追呼泉 ……………………………………… 81

有鱼的泉 …………………………………… 81

能高能低的泉 ……………………………… 82

难解的自然奇象 ································· 83

"阴兵过路" ································· 83

鸣沙现象 ································· 85

五颜六色的沙漠 ······················· 87

能爆炸的沸水 ························· 88

难解的通古斯大爆炸 ··················· 90

南极冰雕 ····························· 92

跨越赤道的巨足 ······················· 93

麦田怪圈 ····························· 94

会动的棺材 ··························· 97

能流泉水的棺材 ······················· 98

无雪干谷的海豹尸骨 ··················· 99

让人自焚的火炬岛 ····················· 100

死亡之角 ····························· 102

山地红雪 ····························· 103

消失的冰川湖 ························· 104

百万蜜蜂大死亡 ······················· 105

巨型海啸残骸体之谜 ··················· 106

奇特的粉红云彩 ······················· 107

俄勒冈漩涡 ··························· 107

恐怖的恶魔岛 ························· 108

庐山佛灯之谜 ························· 109

奇异的地质谜团 ·················· 111

地球未来的命运 ······················ 111

地球多大了 ·························· 113

消失的雷姆利亚大陆 ···················· 115

姆大陆失踪之谜 ······················ 117

南北极为何会翻转 ····················· 119

大洋之间的过陆桥 ····················· 121

探索地球的秘密 ······················ 122

地球内部的奥秘 ······················ 127

地球中心为何物 ······················ 128

包围地球的大气层 ····················· 130

珠穆朗玛峰离地心最远吗？ ················· 132

有趣的地球方向 ······················ 133

锰结核的形成 ······················· 134

南北半球地震为什么次数不一样？ ············· 135

玄妙的气候天象 ·················· 137

雷电为何专击奶牛不伤人？ ················· 137

球形闪电 ·························· 139

印度红雨 ·························· 142

火雨 ···························· 143

蛛丝雨 ··························· 144

天降巨冰 ·························· 144

地球上最热的地方为什么不在赤道 ············· 145

极光是如何形成的？ …………………… 145

杭州湾日月并升 …………………… 148

神秘的古老遗迹 …………………… 150

石脑袋之谜 …………………… 150

小雁塔为何乍离乍合 …………………… 151

庞贝城是怎么毁灭的 …………………… 153

海底的洞穴壁画 …………………… 154

揭秘凶宅 …………………… 156

岩画谜踪 …………………… 158

东方瑰宝——莫高窟 …………………… 159

粤北古长城是谁修建的 …………………… 163

谜团丛生的"南海一号" …………………… 165

世界史上的神秘发现 …………………… 166

石冢之谜 …………………… 172

吴国夫人为什么葬在河南 …………………… 173

汉阳陵 …………………… 174

黄帝的葬地桥山是哪里 …………………… 177

皇陵建筑布局有何讲究 …………………… 179

各代皇陵的墓室结构有何不同 …………………… 184

乾陵怪圈 …………………… 186

为何会有两座包公墓？ …………………… 189

西夏王陵 …………………… 191

武则天为何用"外国使者"的头颅守陵 …………………… 192

奇山异谷惊石怪洞

布朗山之光

布朗山位于美国北卡罗来纳州西部的蓝岭山脉，其海拔约为 793 米。虽然这座山并不是很高，但因为那里从前有神秘的亮光出现，所以流传着很多关于它的故事。

神秘亮光出现的最早记录是在 1913 年 9 月 13 日的《夏洛特每日观察家报》上。几个渔夫报告说他们看见每晚地平线上都会出现一个非常红的神秘亮光。不久之后，美国地质测量局的斯特雷特对此进行了调查，他的结论为：火车的头灯是产生亮光的原因。但是 1916 年前往该地的探险队员们说，他们所见到的亮光的运动方式绝对不像车头大灯，例如这些光会在溪谷中起伏运动，火车不可能在溪谷里穿行。

后来又发生了更多的目击事件，促使美国的地质学家乔治·罗杰斯·曼斯菲尔德于 1922 年 3 月来到布朗山区进行调查。他采访过当地居民，并且花了 7 个夜晚来亲自观测亮光。他的结论是 44% 的亮光同汽车有关，33% 的亮光同火车有关，10% 的亮光同其他静止亮光有关，10% 的亮光同山火有关，只有剩余的 3% 亮光无法解释。他认为 1916 年的探险队员的报告也许同萤火虫有关。

在 1925 年的一期《文艺书摘》上，又报道了布朗山变化多端的亮光的目击事件。有一位目击了神秘亮光的人描述它说："浅白色……带着淡淡的、不规则的光环"。目击者还说那亮光在空中画了几个圈后便消失了，但不久之后又出现了，继续在空中画圈。另一个目击者说他看见了一个黄色的闪烁的稳定的亮球，"就像航天火箭喷出的火花，大约持续了一分钟左右，然后很快消失了"。而一位牧师则说它像一盏白炽灯，能看清灯里面的物质运动。

后来几年里，奇怪的亮光更是频频出现，在人们的报告里它们有的像"玩具气球"，有的像"雾蒙蒙的球体"，有的像"强力照明灯"，还有的像"火箭"。有几次当他们靠近亮光的时候，都听见了"咝咝"的声音。1977 年有人做了一个实验，他点燃了一道强烈的弧光，而在布朗山西边离亮光 35 千米里远的某处有一群参与试验的观测者在等候。他们说原本蓝白色的光束在远处看上去像"在布朗山山峰顶上有一个橘红色的球在盘旋"。

这似乎对那些神秘的光球作出了合理的解释，它们是由于远处的亮光发生折射产生的。然而布朗山之光在火车、汽车、电灯发明之前就存在了。如果不是这些光折射所致，难道真的是萤火虫在作怪？

海底平顶山

海底平顶山是位于大洋底部呈孤立分布的、顶部截平的、高出海底很大高度的圆锥形体。它的基底往往是过去的火山，上部是珊瑚礁体，礁体厚度可达 1500 米。平顶山大多分布在太平洋中，如瓦列里厄海底平顶山、约翰逊角海底平顶山、赫斯海底平顶山、林恩海底平顶山等。

海平面下的这些平顶山，就好像天神用板斧，一斧下去，把山尖削了去。从外形看，平顶山是一个上小下大的锥状体。平顶的直径一般在5000～9000 米，而基座为 10000～20000 米。从山顶到半山腰较陡，而从半山腰往下坡度变缓，呈逐级阶梯下降。在世界各大洋中，太平洋中的平顶山最多，已经得到证实的就有 150 多个。在太平洋的阿留申海沟附近，离海面 2700 米的深处有一群平顶山；在马绍尔群岛，离海面 1200～2200米处也有一群平顶山。

对于平顶山的形成,可以从两方面加以解释:第一是平顶山锥的形成问题。一般认为海底平顶山是海底火山喷出物堆积的结果,也就是说,它们都是海底火山喷发形成的火山锥。这点已经被证实。人们在平顶山找到了大量火山喷发岩——玄武岩。第二是山锥平顶的由来。对此说法不一。

最早发现海洋平顶山的美国海洋地质学家赫斯的说法是,原来平顶山是露出海面的火山岛,后来由于海水长时间地侵蚀,山头部分被"削"平,才形成今天的平顶山。为这个论点提供强有力证据的是,有人在平顶山顶部找到了一些磨圆度很好的玄武岩砾石。这些砾石的存在,说明平顶山曾经在一段时间里接近海面,受到过海浪的洗礼。因为,假如海浪能对碎石起到磨蚀作用,当时的海深顶多只有约 20 米。而今天的平顶山顶已经在海下好几百米,甚至达到 1000 米以上。从这个深度,海浪是无论如何也不会起到什么作用的。科学家们估计,在海浪对火山岩石进行磨圆的同时,也把火山的尖顶削平了。

另外一种说法是,平顶山的"平顶"是当年火山喷发后形成的火山口,由于当时火山口接近海平面,使大量珊瑚在四周繁衍,形成环礁。在漫长的地质历史中,死亡的珊瑚大量堆积在火山口一带,使火山口变平,最后形成了平顶山。

这两种解释孰对孰错,人们还没有达成共识。即使是第一种被大家比较容易接受的看法,最近也受到了严重的挑战。因为有人在调查平顶山的时候,意外发现山顶上的岩石比山脚下的岩石年龄要老得多。这就难倒了科学家们。因为按照地质学的基本规律,既然平顶山是多次海底火山喷发堆积形成的,那么,早期喷发物必然埋在山下,而较新的喷发物必然出现在山顶。

因此,平顶山究竟是如何形成的,还有待科学家进一步研究。

威力很小的"泥火山"

在我国新疆的乌苏市、沙湾县境内,有一种十分有趣的泥火山。它和真正的火山不一样,威力很小。这些泥火山只分布在低矮平缓的土坡上,有的就矗立在平坦的地面上。泥火山的火山口很小,最大的也超不过二三米,小的只有十几厘米。泥火山喷发的时候,从火山口里喷出大量气体、泥浆和岩石碎屑。它的喷发并不猛烈,有时就是从孔穴中向上翻涌泥浆,同时有气泡冒出来。喷发以后,喷出的物质就在喷发口的周围堆积起来,多呈平顶的锥状体,最高为二三十米,只能算作一个大土丘。

泥火山并不是真正的火山,它之所以被称为"火山",是由于它喷发的形式以及堆积物的外观和火山有些类似。因为它的主要喷出物是泥浆,所以人们就在火山两字前边加了一个泥字,称它为泥火山了。

泥火山又是如何形成的?有人认为泥火山是地下深处的高温气体沿裂隙上升,把地下的泥浆和岩屑带出了地面造成的。

排列整齐的单面山

武夷山是我国著名的风景名胜区,景区内的山峰造型奇特,千姿百态。如武夷山景区北部的山峰就十分有特点。那里的山体都向西倾,山顶向东。从崇安赤石大桥附近眺望武夷群峰,犹如向东奔驰的骏马,景象十分壮观。这种山叫单面山,也叫单斜山。山体的岩层都是朝一个方向倾斜,武夷山的单面山岩层都是朝西倾斜的。

武夷山原本处在一个内陆湖盆中,经过漫长的地质年代,湖盆底部形成了很厚的沉积岩层。随着地壳上升,岩层受到了东西方向不均匀的压力,但是原来几近水平的岩层居然没有产生大的变化,只是向西方倾斜了。由于组成山体的岩层有粉砂岩、页岩和砾岩,它们抗风化的能力不同,粉砂岩、页岩容易被风化侵蚀,这些岩层所在的地方就逐渐变为平地

武夷山

或谷地；只剩下抗风化能力强的砾岩，经过漫长的岁月成为突起的山地。这样一来，就形成了现在这样的向一个方向倾斜的单面山。山的东坡陡峻，西坡平缓，一排排的山岭相互平行，中间夹杂着谷地，排列整齐划一，看上去气势雄伟。

供神仙"下棋"的山

在我国河北省有一座供神仙"下棋"的山，海拔1800多米，当地称为神仙山。这座山的奇特之处是山顶上有一块十分庞大的石头与下面的山体紧紧相连，上面很平整，排列着许多纵横交错的沟纹，其形状很像一个围棋棋盘，人称金棋盘。棋盘内外还有许多嵌在石头里的黑色和白色的小石块，好似围棋的棋子。

难道这个"棋盘"真是神仙造来对弈用的吗？

有人认为这是古代人为雕琢的,说它是艺术品,是古人留下的文物。但是经过科学考察,地质学家认为金棋盘只是一块普通的岩浆岩,是火山喷发形成的。那黑、白"棋子"分别是页岩和石灰岩;从形成的年代讲,岩浆岩最年轻,石灰岩最老。原来,石灰岩和页岩岩层形成后,强烈的火山爆发破坏了沉积岩层。破碎的石灰岩、页岩碎屑被熔岩俘获,凝在岩浆岩内,地质学上称它们为"捕虏体"。

原来,金棋盘是火山留给人类的一盘"棋"啊。

奇异的"水山"

在北极的冻土地带,人们有时会看到一种圆锥形的大土堆,大小不一,大的有八九十米高。令人惊讶的是,在土堆顶上,有清清的泉水汩汩地向外流。这种山顶上流水的土山,可以称得上是"水山"了。这种奇异的"水山"是冻土带一种特有的地形。

这种"水山"是如何形成的呢?原来是这里寒冷的气候造成的。在冻土地带,地下水流出的地方,由于气温太低,水还没有流出地面就在接近地面的地方冻成了冰。水变成冰之后,体积会增大,这样由于体积增大产生的压力会顶起表面的土层,形成一种形态奇异的锥形土堆。水不断地向外流,地表的土层被不断地往上顶。于是,土堆越来越高,最后终于变成了一座座小土丘。从地下冒出来的泉水,在这土山的顶上流了出来,就形成了一座座奇异有趣的"水山"。

实际上这种"水山"是被土层包裹起来的"冰山"。如果把"水山"外面的土层刨开,就会看到,土丘里面有一个大大的、蓝白色的冰砣子,在这美丽的大冰块的中间有条流水的通道。所以,科学工作者不叫它"水山",也不叫它"冰山",而称它为"冰核丘"。

奇异的平头山

在山东沂蒙山区,有一些奇特的山,这些山的顶部不是尖的,而是平的。山顶是巨大的石板。这些石板有大有小,大的相当于十几个足球场,小的也相当于几个篮球场。石板厚度有的只有七八米,有的达 20 多米,四周如墙壁般陡峭,石板下面的山体并没有什么特别之处。

当地的人称这种平头山为崮子,地理学上称为方山。山东沂蒙山区有很多这类崮子,人称"沂蒙七十二崮",但实际上有名字的崮子就有上百座。如因孟良崮战役而出名的孟良崮,传说北宋时期杨家将手下著名将领孟良曾带兵驻扎在这里,孟良崮的名字即源于此。

那么这些平顶是如何形成的呢?这是因为这些山的岩层都比较平,经过长期的侵蚀风化,比较坚硬的岩层抗风化能力强,较完整地保存下来,形成顶部平四周陡的山峰顶盖。其他岩石则风化破碎,形成山体斜坡。平头山就形成了。

有天然隧道的山

火车或汽车经常要穿过一些隧道,这些隧道都是由人工开凿出来的。但有些公路穿越的隧道不是人工开凿的,而是天然形成的山洞,这种山洞叫"穿洞"。

在广西境内这种天然的隧道很多。桂林市区有一座穿山,它有一个穿透山体的半月形山洞,远远望去就像悬挂于山间的一弯明月。阳朔月亮山也有一个形如弯月的穿洞。最让人惊异的是凤山牙坡,一座山头就架在一个圆拱形的大穿洞上。这些穿洞大多出现在由石灰岩构成的山地中,本来是岩层中地下水流的通道,经过漫长的地质年代,深埋地下的岩层升上地面,隆起为山,而这些地下水流通道变为两面通透的穿洞,就如天然隧道一样。

中间有井的空心山

在云南省的腾冲县有一座名叫黑空山的山。它的山顶正中有一个通向山底的洞口,洞竖直向下,深达 100 米,而黑空山只有 80 米高,可见洞底已经钻入地下,比四周地面还要低 20 米。黑空山附近也多是这种空心的山。

这些从山顶到山底的竖直向下的大空洞就像是从山顶向下打的一口巨大的深井,从山顶的洞口向下望去,里边漆黑一团。因为这种山体的中心部位是空的,所以人们把它叫做空心山。

空心山是如何形成的呢?腾冲是我国火山比较集中的地区,这几座空心山都是火山,山顶的洞口就是火山喷发时的火山口,而竖直向下的深洞,正是火山喷发时岩浆喷出的通道,称为火山颈。火山停止喷发后,火山颈里会被没有喷出的岩浆填满,岩浆冷却后和周围岩石凝为一体。只有地层深处压力过大,高压的气体最后把火山颈里的岩浆全部冲出火山口,才能把火山颈完好地保存下来,形成空心山。地球上的火山很多,但能形成空心山的并不是太多。

神奇的"雪山"

山上有雪并不奇怪,反而雪山上没有雪却有些奇怪了。

在云南省香格里拉县,有一座山就是没有雪的"雪山"。从山的东面远远望去,可以看到山坡上白茫茫的一片,银装素裹,一派雪岭风光。但令人不解的是,在山上却没有任何的冰雪,而是白色的山岩,晶莹洁白,在阳光下闪着银光。围着山转一圈,你就会发现,整个山陵只有东山坡有"雪",其他的几面山坡却草木植被丰盛。

原来在东山坡的半山腰处有一眼泉,泉水向东流淌,注入了一个小水潭。水潭很浅,无法储存很多的水。泉水就向四方漫流,顺着山势下泻。

凡是泉水流过的地方,就留下一层白色沉淀物,整个东山坡几乎都被这白色沉淀物覆盖了。人们从远处看到的"积雪",就是这白色沉淀物,它的主要化学成分是碳酸钙。这个泉里含有大量的碳酸氢钙,泉水流过的地方沉积下了一层又一层碳酸钙,纯净的碳酸钙是白色的,所以就出了这没有雪的"雪山",这眼泉也被人们称为白水泉。

移动的南极冰山

世界上的山大多不会移动,但是漂浮在南极海面的冰山却可以在海洋中自由遨游。1965 年 11 月,人们在南极海区的海面上发现了一座长 333 千米、宽 96 千米的冰山。这种冰山是如何形成的呢?南极地区被冰雪覆盖的面积大约是 1200 万平方千米,冰层平均厚度在 2000 米左右。南极的冰盖年复一年地向大陆边缘移动,并且在岸边崩裂,漂浮在海中,变为冰山。人们一般在形容某些事物的一部分时,常说冰山一角,这是因为冰山的水下部分比水上部分要大得多。水下部分和水上部分的比例一般是 7∶1 左右。冰山一般只有几百米长、几十米高,而 1965 年发现的巨型冰山是非常少见的。这些冰山形态各异,有的像巨型的轮船,有的像百里长堤,晶莹剔透,在太阳底下闪闪发光,看上去十分漂亮。它们可以顺着海流方向向北漂到温暖的海域,最北可以漂到南纬 30 度左右。

冰山虽然美丽,但却是船只航行的大敌。许多的船只都是因为撞到冰山而沉没海底的。不过,现在船上都装有雷达探测装置,在任何天气条件下都可以发现远处的冰山,调整航向,从而避开冰山。

会喷冰的火山

很多人在想到火山喷发时的景象都是冲天而起的岩浆,铺天盖地的火山灰,顷刻间被毁的森林、草原、房屋、耕地……然而在大雪覆盖的北极地区,却是风景别样,火山喷的不是灰、炽热的岩浆,而是大量的冰块。

冰岛北部的格里姆斯维特火山就有过喷冰的壮观场面，这座火山每秒钟喷射出来的冰块大约有 420 立方米，在爆发强烈时可达 2000 立方米。这次爆发持续了 2 周时间，所抛出来的冰块总共约有 1.3 万立方千米。

虽然类似冰岛火山喷冰的现象古代也有过记载，但又是什么原因造成火山爆发时喷冰呢？我们都知道，火山喷发时爆发出来的热量很高，为什么这些冰没有被融化呢？

有人认为冰岛是地球上火山活动频繁的地区，岩浆经常沿着地壳的裂缝活动。它们有的冲出地面，形成火山爆发；有的在半途中冷却凝结，不流出地面，使一些被岩浆阻塞的火山口和地下裂缝中，也充塞着冰川。当格里姆斯维特火山爆发时，首先将积聚在火山口的冰块喷出。虽然冰岛的火山活动频繁，却比较"温和"，火山喷出的气体接二连三地冲向空中，把来不及融化的冰块抛向地面，便形成了火山喷冰的一大奇观。但是格里姆斯维特火山爆发持续了 2 周时间，在持续的长时间爆发中，火山内部的温度会不断地升高，而岩浆的温度在 900℃～1200℃，最高可达 1300℃，在这么高的温度下，任何厚度的火山内的冰块都会融化，根本喷发不到 2 周时间。

那么，这些冰到底是怎么形成的？又是怎么"逃避"了岩浆的融化呢？到目前为止，火山喷冰这个问题还在研究之中。

死尸之地——梅南加伊火山口

在肯尼亚有一个火山口，人们都叫它做梅南加伊火山口。这个火山口里树木葱绿，是当地的自然奇观。可是近几年梅南加伊火山口经常发生怪异的事情，而且还很令人费解。当地人都认为有邪恶的精灵附在了它的上面，所以这个火山口还有另外一个可怕的名字——死尸之地。那么这个大坑里究竟隐藏了什么秘密呢？

传说如果有人进入坑内，邪恶精灵便在火山口四周拉起很多美丽的

梅南加伊火山口

墙,这时人就会被它们困住而分不清东西南北。因此,这个山口每年都吸引着许多人来探险,但进入梅南加伊火山口的人有许多真的就神秘失踪了。不过这也不能排除是因意外事故而去世或自杀身亡的情况。

传说发生在这个大坑内的事情非常可怕,有些人在坑中迷路,找不到回家的方向,即使在数小时之后他们被当地人找到,也不能解释自己当时究竟是如何迷路的。当地居民保罗·纳都说:"这些事说起来很多人并不相信,但是这里的确发生了那么多奇怪的事情。"

而且连当地人都不知道火山口的梅南加伊这个名字是怎么来的,而"梅南加伊"在坦桑尼亚语的意思是"死尸之地"。据说19世纪非洲发生部落战争时,许多人也死在了这里。

当地居民说梅南加伊火山口的声音听起来有时很像母牛的叫声,而且在坑里有一些炽热的区域,仿佛是被火烤过一样,有时还会看见火苗。虽然火山口里面确实生存着一些动物,但是它们并不会生火啊,这里的火会是谁点燃的呢?

　　不久前,一个对此地形十分熟悉的人在它的附近放牧,但是这个人还是在那里迷了路。

　　12岁的约翰·克鲁图在玩耍的时候,不小心掉入了火山口里,几天之后他才被救上来,救援人员发现他时,约翰·克鲁图正在火山洞的深处四处转圈。还有一个小孩也在这里迷路,7天之后才被发现,当时他正在洞穴里望着小鸟发呆,但是健康状况良好。

　　救援的人说,一些人虽然迷路了,几天都不能找到来时的路,但被救上来时,他们却没有显示出任何疲劳或饥饿的迹象。一个被救出的男孩告诉救援队,他在洞里一直在观察一个美丽的景象,而没有意识到时间的流逝。

　　人们还传说这座火山口里有一把会飞行的伞,每当有雨时,这把伞就会出现,但是还没有人知道雨后这把伞的去处。

　　不少人认为这些事情都是误传的,只要仔细推敲,就会发现破绽。这些"传说"究竟是误传,还是梅南加伊火山口真的有些神奇的地方,这还需科学家进一步探索。

富士山形成之谜

　　作为日本的象征,富士山的名气不在世界上任何一座名山之下,千百年来它一直是日本最著名的旅游胜地。除此以外,它还是日本人心目中的"圣山",有着神秘而特殊的地位。富士山海拔为3776米,为日本的第一高山。山顶一年之中有10个月被白雪覆盖。在夏

富士山

季的 2 个月中,山坡上仍然能见到片片积雪。富士山是一座休眠火山,历史上有记载的第一次爆发是在公元 800 年,而最近的一次则是在 1707 年,当时的剧烈喷发让 100 多千米外的江户(即东京)都笼罩了一层厚厚的火山灰,而环绕在富士山周围的广阔平原也一直有强烈的火山活动。

关于富士山的形成,据日本佛教传说是公元前 286 年一次地震。当时地面裂开,形成了今天日本最大的巴瓦湖,富士山则由挤出的泥土堆成。传说并非毫无因由,大多数人认为富士山的形成和传说大致相同,不过其年代要追溯到至少 1 万年前。

神秘的死谷

俄罗斯远东地区有一个叫勘察加的半岛。在这个半岛上有一条格泽尔河,它的上游有一座叫基哈特那奇的火山。常有气体从火山的岩石缝隙中喷冒出来,表明地下岩浆活动较为活跃。在这座火山脚下,有一个山谷,长 2000 米,宽 100～300 米。

基哈特那奇火山脚下的这个山谷,被当地人称为死谷。人们经常在这个山谷里发现一些动物的尸体,既有熊、狐狸等大型动物,也有田鼠、乌鸦等小动物。这些动物身上没有伤,既不是人猎杀的,也不是动物之间争斗厮杀致死的。

人们不清楚动物在这个山谷死亡的原因,后来,科学工作者解剖了动物的尸体,发现它们都是死于窒息。这就奇怪了,在野外广阔的空间里这些动物怎么会因窒息死亡呢? 经过考察,人们在谷地的深处发现了一个大洼坑,从里面不时喷出一种刺激性很强的气体。化验结果证明,这种气体主要由二氧化碳、硫化氢和氮气组成,氧气只占很小的一部分。由于洼坑所处三面都是高大的山岩,喷出的气体只能向谷口方向运动。动物的死亡就是这些气体造成的。山谷中地形复杂,导致这些气体在谷中低洼处积聚、滞留,动物进入谷地之后就一命呜呼了。

可是细心的人们发现,谷地中死亡的动物都是肉食动物或杂食动物,

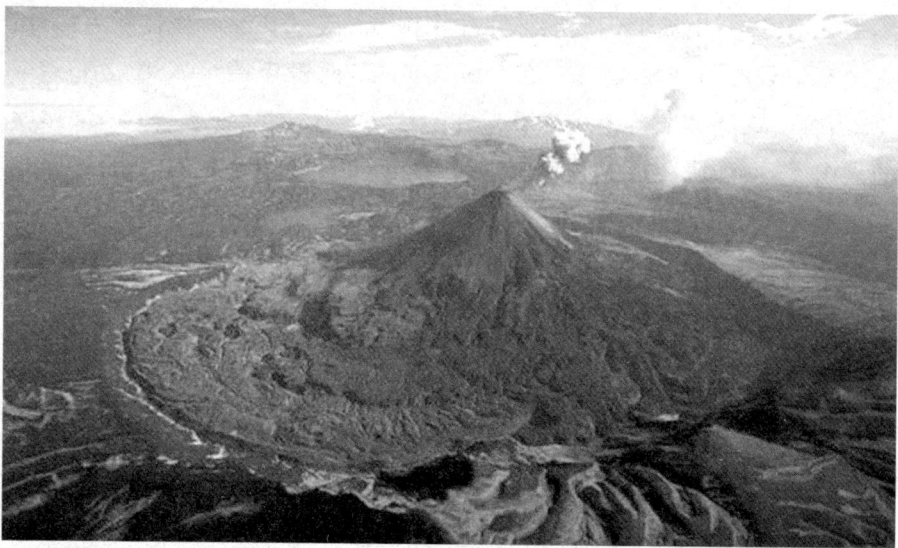

勘察加半岛

像大角羊、北方野鹿等草食动物的尸体却一具也没有找到过。这个问题还有待于人们进一步探索。

鲜为人知的科尔卡峡谷

　　科尔卡峡谷是世界上最深的峡谷之一,位于秘鲁境内的安第斯山脉中。峡谷看起来像是安第斯山脉被一把大刀斩断而留下的裂缝。在科尔卡峡谷上的山脉间有一条 64 千米长的火山谷,林立着 86 座锥形火山,其中有些约有 300 米高。它们有的从原野上隆起,有的位于山麓周围,是已经固化的黑色熔岩。在一些火山锥上长出了仙人掌等植物。火山谷与太平洋之间,有一条布满沙石的酷热沟谷,名为托罗穆埃尔托沟谷,无数白色巨砾散布谷内。不少石砾上刻有几何图形:太阳、蛇、驼羊以及头戴怪盔的人。这些图案和符号是谁的杰作呢?有人认为 1000 多年前,某些游牧部族从山区往海岸迁移,在这里居住,留下了石刻图画。还有人推测,头戴怪盔的人是外星人。难道在 1000 多年前,就曾有人目击过外星人?人们不得而知。

科尔卡峡谷的土地贫瘠,这里只生长一些带刺的蒲雅类植物,这种植物高约 1.2 米,主干很粗,利刃般的叶子向四面八方伸出,叶子边缘有弯钩,以免动物吞吃。由于树木太少,小鸟只能冒着被弯钩刺伤的危险,在蒲雅叶间筑巢。叶间有很多的小鸟尸骸,这说明有许多鸟巢曾经变为死亡之穴。有些生物学家认为,蒲雅有吸收鸟尸的化学物质,能捕食小鸟。

阿苏伊尔幽谷有多深?

阿苏伊尔幽谷位于阿尔及利亚的朱拉山的峡谷中。因为阿苏伊尔幽谷深不见底,其深度至今无人知晓。人们为了探寻阿苏尔的深度,绞尽脑汁。但以现在的科学水平,想要探明阿苏尔幽谷的深度似乎还为时过早。

尽管目前阿苏伊尔幽谷对人们来说还是一个谜,但我们相信,随着科学技术的进步,迟早会解开阿苏伊尔幽谷的所有谜团。

莫赫陡崖

爱尔兰大部分地区都是一片绿油油的田野、小山、浅水湖和溪流。莫赫陡崖的地貌在爱尔兰是最险峻的,有别于岛上的其他景色。黑乎乎的峭壁成锯齿状,陡峭的岩石在大西洋中隐现,沿着克莱尔郡海岸延伸 8 千米。

莫赫陡崖的风景并不优美,它的东北方是一片荒凉之地,到处是石头,称为巴伦高地,面积达 260 平方千米,是巨大灰岩地带,灰岩成皱褶状阶地,向上爬升至埃尔瓦山,此山高 345 米,顶部由页岩构成。约 15000 年前,冰雪把该处冲刷得歪歪斜斜,成了欧洲一个最年轻的地貌。

有人说巴伦那里无足够溺死人的水,又没有供人上吊的树,更乏埋葬

莫赫陡崖

死人的泥土。但是它的上面有牧场和松林,而且石阶上到处都是已经扎根的榛木和刺柏。

在这片灰岩上,交错的裂缝组成格子图案,生长着上千种植物。这些植物奇迹般地在这一小块一小块的土壤中扎根生长,使这片土地成为植物的天堂。但是,如此奇异的悬崖是怎样形成的呢?这里的奇异植物为数众多,它们是如何在这片悬崖上生存下来的呢?目前为止,人们还不甚明白其中的原因。

40 万根海岛石柱

在密克罗尼西亚群岛中有一个最大的岛屿叫波纳佩岛,它的对面则是个很小的岛屿——纳玛托岛。

1595 年,有葡萄牙海军上尉来到纳玛托岛,惊讶地发现这座荒无人烟的小岛上堆放着无数根排列整齐的巨大石柱,每根足有 10 多米长。后来专家来此考察,发现这些石柱是远古时代遗留的建筑废墟。这些石柱都是经过加工的,由火山熔岩凝成的玄武岩柱。共有 4328 根,每根都重达几吨。再加上散落各处的石柱、墓室和一条长为 860 米的石柱围墙,总计有 40 多万根。

这些巨大的石柱究竟是什么建筑的废墟呢?更令人不解的是,纳马托岛并不产这种石柱,而需从波纳佩岛通过水路运来的。远古时期并没有大型的船只,如果用独木舟,有人计算了一下,一天运 4 根,也要用 300 年的时间才能将这 40 多万根石柱运完。

那么,又是谁在这个岛上用石柱建造了建筑?它是什么时候建造的,又有什么用途?为什么尚未完工又被突然放弃了?有人说可能是一种祭祀用的神庙或者城堡。有人说是外星人运来的石柱,是为了建造外星人居住的房屋等,但这并无根据。还有人说这些石柱是耗费巨大的人力和时间运来的,但是却没有将建筑建造完就放弃了,只能说当时的人们遇到了一定要放弃的灾难或战争,不得不逃离纳玛托岛。

总之,这些海岛石柱成为了一个不解之谜。

火山熔岩的杰作

在黑龙江省五大连池市的老黑山和火烧山附近,有一块奇特的地方:在刚刚翻过的土地上,大小不等的石块高低不平地堆积在地面上,棱角清晰,远远望去,似是一堆乱石。不过这片土地不是人们翻耕土地形成的,而是火山熔岩的艺术品,这片火山熔岩地面跟人们翻耕不久的土地差不多,小沟小壑,纵横交错,其间布满了棱角分明的"石块",黑秃秃的,人们形象地称为翻花石。

据当地人说,老黑山和火烧山都是活火山,已经有 200 多年没有喷发了。虽然老黑山山高不过 110 米,但山顶的漏斗型火山口却深达 130 米。火烧山喷发时十分的猛烈,山体被炸成了两半,所以人们叫它两半山。老黑山、火烧山喷发时,喷出的岩浆顺山势向下四处漫流,在山脚下形成了

石头

一片长 10 余千米、厚达 40 米的熔岩世界。

喷出的岩浆凝固后就变成了青黑色的岩石。因为岩浆是在流动过程中逐渐凝固的,所以熔岩台地表面是千姿百态,形状大小各异。有的地方像爬行的蟒蛇,有的地方如绳索,有的地方似流水的漩涡,在地势陡峻的地方,还会形成石质瀑布。"翻花石"就是熔岩台地中的一段。

亚平宁的水晶石笋

1971 年,一批洞穴专家在意大利安科纳弗拉沙西峡谷一带探索,在亚平宁山脉下面找到了规模宏大的地下穴室和走廊,全长 13 千米,是 20 世纪的一个大发现。

他们沿曲折的地下长廊摸索前进,涉水走过深及膝盖的清水池和泥

浆潭，只见石笋林立，像一根根华丽的水晶柱。再往前进，又湿又冷的洞穴网错综复杂，恍如大理石的巨型石柱使人眼花缭乱，好像冰雪覆盖的精美石帘叫人目不暇接。100多万年侵蚀造成的奇景，一一展现眼前。深渊旁屹立一巨人柱，那是一根巨大的石灰岩柱，表面凹凸不平，蚀刻很深。"巨人柱"对面是重重垂挂的钟乳石，如同瀑布般倾泻而下。更深处的"蜡烛穴"内，石笋从浅水池面冒出，闪闪发亮。这一奇异的景观究竟是如何形成的呢？至今没有人能够回答。

不会沉的浮石

你相信世界上会有不沉的石头吗？或许你不相信，但大千世界，无奇不有。这种不会沉入水中的石头被人们称为"浮石"。它不像普通的石头那样石沉大海，而是像木头一样漂浮在海面上。如果当你乘船在大海中遇到它时，从海中捞出来，它还能像刚从水中捞出的活鱼那样一个劲儿地蹦跳，接着就会碎裂成一堆渣子，同时还有啪啪的响声。

浮石是海底火山喷发时，岩浆迅速凝结而成的。由于火山喷发时很多气体被封在了岩石中，所以它能够浮在水面上。浮石外形丑陋，重量很轻，表面坑洼不平，里面有许多小洞小孔，这些孔洞里充满了气体。因浮石的密度比水的密度小，所以能浮在水面上。

海底经常有火山爆发，所以人们时常在海面上看到浮石。由于海水的压力，浮石孔洞中的气体跑不出去。当把浮石捞上来之后，浮石孔洞中气体的压力比周围空气的压力大，它就会膨胀，从而引起了浮石蹦跳，甚至使浮石爆裂。

奇异的沸石

在高山高原地区，由于大气压强低，不到摄氏100度水也可以沸腾。而当将一块沸石与水一起放在水壶里加热，水一会儿就沸腾了，并有许多

的小气泡往外冒。但此时,水并没有烧开,用手摸一下能感觉水还是温的。原来,当沸石在水中加热时,白色的沸石在咕咕地向外冒着许多小气泡,造成了水开了的假象。

那么沸石是一种什么石头呢?据科学家考证沸石是由许多非常细小的晶体组成的岩石,这些细小的晶体只有用显微镜才能看到。晶体的形状并不相同,但每个晶体的内部都布满了相互通连的孔道。在这些孔道里常常充满了气体及其他细微的物质。当沸石受热时,这些气体就会从细孔中跑出来。水壶里的水没有烧开却会有气泡冒出来,就是这样产生的。

沸石在生活中的用途十分广泛。沸石可以用来净化污水,清除有害气体;沸石还能淡化海水和从海水中提取有用物质;工业上用沸石可以制造干燥剂、除臭剂、洗涤剂;连在火箭等高尖端行业都可以看到沸石的身影,可见它的作用是多么的大。

海下光石

在红海之滨,有一块沿海区域一直是热爱潜水运动的人们的"宝地"。然而,这里却经常发生潜水人员神秘失踪的事件。

有一天,两名来自德国的潜泳爱好者艾玛和马克斯潜入水下后,他们在海底深处发现一种奇异的闪光现象,这海底闪光像是有人在那里扳动一盏小灯的开关,时而亮,时而灭——这闪光具有一种珠母的辉光和色泽,它闪了五分钟后就彻底熄灭了。他们上岸将这件事情告诉同伴托·柳德维格后又返回那里观察。但是这次他们没有再回来。托·柳德维格只好下水去找,却没找到他们踪影,只见海底深处有一块巨大的闪光砾石。

当地政府派来专业潜水员,又深入水底寻找,但还是一无所获。于是,潜水员们对托·柳德维格说起的那个水下闪光的神秘巨砾进行了考察。从外表看,这块水下巨砾很像一尊古代雕像的头部。从它的正面看,

很像一个巨人的面孔,有鼻子和眼睛的细微部分,它的表面被海水冲刷得十分光滑。

1个月后,又发生一起类似的意外事件:一个名叫奈·比兰德拉的意大利女潜水爱好者,来到那个闪光的水下巨砾附近潜泳,却因一种异常的感觉而回到船上。后来,她莫名其妙地休克过去,手上还出现神秘的烧灼痕迹。奈·比兰德拉苏醒后回忆:"在水下,我只是触摸了一下那块巨砾——它间歇地闪烁着白光。这时,我体会到一种强烈的电击感。"

这一怪异现象引起了科学家的极大关注和浓厚兴趣。为了研究这一海下巨砾的神秘闪光,科学家已把它拍成电影,并组织海洋学、光学等有关专家观察研究。科学家们认为,这一水下发光巨砾很像古代雕像人头的说法纯属一种偶然的巧合。无疑,这块巨砾定期成为一个强大的电磁辐射源,然而其电磁辐射的机理尚无定论。特别是它在水下的光源从何而来,迄今仍是个谜。

外形像鸟的化石

古代,有人看到过有铜钱大小的石块,这些小石块像飞翔的小燕子一样镶嵌在山崖上的岩石中。还有人也看见了这些小石块,散落在山谷中的平地上的。古人们猜想它可能会飞,是自己从山崖上飞下来的,于是就给它起了个名字叫"石燕"。到唐代有一位好奇的民医不相信石燕会飞,于是,他就将山崖上的石燕做上记号,进行长期观察后发现:这些石燕中有一些随着崩落的岩石碎屑滚下了山,证明了石燕并不会飞。

到了清代,在山东泰山有人发现溪水中有一块灰黑色的石板,上面还趴着一只蝙蝠,只有几厘米长。怎么会有这么小的蝙蝠,并且还趴在水里?仔细一看,原来是嵌在石头里面的,和石头一样坚硬的石蝙蝠。他把这块石板翻了过来,只见石板背面有上百个这样的东西,就像人工雕出来的一样。

其实,这些外形与燕子和蝙蝠十分相像的石头是古代两种动物的化石。蝙蝠石上的"蝙蝠",是5亿年前生活在海洋里的节肢动物三叶虫的化石,三叶虫的头部和尾部的两侧长着2根粗壮的刺,左右伸展,像两个翅膀。因为三叶虫的化石多是它的头、尾甲壳演变而成,所以看起来就像一只只蝙蝠。石燕是4亿年前海洋中一种类似蚌的动物的化石,这种海生动物长着两片钙质的外壳犹如燕子的翅膀。

美丽的石圈阵

在北冰洋周围一些平坦低洼的地区,有一种奇怪的由石块堆垒成的"石环"。这些圆形或多边形的环状石圈,有的直径可达上百米,小的仅有十几厘米。有些石环彼此相连,形成了连环石圈阵。石圈里还有清浅的积水,成为一个个小池塘。这些美丽的石圈阵是如何形成的呢?

北冰洋靠近北极,终年被冰层覆盖着,它周围的陆地几乎都在北极圈里面,土层冻结深达几十米,甚至几百米,多年都不会融化,叫永久冻土层。在北极地区短暂的夏季,冻土层的上部有一薄层会融化,天一冷又会冻结,这一层叫冻融层,石环就是这冻融层制造出来的。

水结冰时体积膨胀,冻融层里的水结了冰,就会产生压力。由于下面是坚硬的永久冻土,四周又是厚厚的土层,这个压力就只有指向地面了。于是,就把混在土层里的石块逐渐向上顶去。而夏季土层融化时,石块是不会自己往土里钻的。时间长了,不少石块会被顶到土层表面。地面上有了石头以后,土层再冻结被顶得凸起来的时候,地面上的石头就会向四周滚去,形成一个个石环。由于地面起伏状况不同,所以形成的石环大小、形状也不同,构成了各种美丽的图案。

石怪公园

在意大利首都罗马北部有一座石怪公园,它是400年前被发现的。公园中植物生长繁茂,那些巨石怪物就隐藏其中。

当人们刚一进入石怪公园,首先看见的是个不知为何物的庞然大物。它满脸微笑,宛如石怪的"门卫"。它后面是片丛林,里面有几头像牛,眼大如铃的"巨无霸",那副狰狞的神态,真可吓人一跳。尤为有趣的是,"巨无霸"口中有一张精巧的小石桌,可供游人休息歇足。再往前走,是草地,一头母狮,为了保护自己的幼狮,正全力与一条猛龙拼搏。此外还有美丽的人鱼等等一大批让人惊叹不已的石怪。

但是,石怪公园建于什么时候?又是什么人所建?怪物是大自然的杰作,还是人工雕琢的呢?几百年来,它始终是个无法解开的谜团。

孕子石

有一种石头身怀六甲,人们为其取名"孕子石"。从表面上看,它很普通,但当人们用铁锤把它敲开时,里面就滚出许多直径2厘米左右的石弹子,好似母石生下的子石,这些小子石呈圆形,颜色比母石稍浅些,成分与母石一致。

这种石头怀子的现象,在世界岩石学上并不多见。当前地质学家还无法解释其成因。

石头的纹圈

在中美洲中部的卡隆芭拉,有一些卵形的石块,土著人一直把它视为宝物。这些石块在下午时是平滑的,奇怪的是,经过一夜时间,所有石块上便会出现一些神秘的纹圈。经太阳晒过以后,这些刻纹便自动地在下午全部消失。数千米以内的石块都是这样。曾经有地质学家用仪器拍摄这些石块夜间变化的过程,发现在午夜12点以后,好像有无数隐形的手在这些石块上面刻出图案。但是他们怎么也研究不出一个所以然来。

这些石头依然日复一日地长出纹圈,然后纹圈又消失。有人猜测这些石头会在夜间形成一种特殊的物质,状似纹圈,但被太阳晒过以后它就分解了,所以才会消失。但这种特殊物质是什么呢?没有人能回答。

"气泡"石

在欧洲波黑的坦加斯村有一块奇怪的石头,它形似鸡蛋,上粗下细,有两米多高。看上去它像站不稳的样子,但就算你力气再大也推不倒它。最奇妙的是,在每年的 5 月和 10 月里,这块石头会喷出白色的气泡来。这些白泡喷出的时间有长有短,一般在半天到一天左右。科学家们虽然对这块石头进行了长期研究,但至今也找不出原因。当地人把这块神奇的石头称为"气泡石"。

从何而来的石球?

在德国的一个采石场,一天,人们正在进行采石作业,突然从岩层中滚落出一个巨大的石球来,这个石球可不一般,它直径有 5 米,重达 100 吨。采石工人们都惊呆了,因为他们从来没有见过这样一个巨大的石球。并不仅仅在德国有石球,世界其他地方也发现过一些奇异的石球。

在南美洲哥斯达黎加的森林沼泽地带也发现许多虽然大小不一,但表面光滑,与理想的球体非常接近的石球。在埃及的卡尔加、美国的加利福尼亚州和新墨西哥州都曾发现过神秘的石球。并且,在一些火山附近,人们也发现有石球。后来,考古学家斯特林在墨西哥哈利斯科州发现了更多的石球,几乎可以的称得上是"石球王国"了。

在南美的巴西,还建有一个石球博物馆,馆内收藏着许多大大小小的石球。我国学者也曾经在新疆发现过类似的石球,据研究,新疆的这类石球绝大多数内部都呈同心圆,即中间又包着一个更加坚硬的圆石球。2000 年,在新疆鄯善县南部戈壁荒漠中也发现了一种石球,石球浑圆光滑,没有人工加工的痕迹。其表面呈棕白色,在一层薄薄的钙质层下,是呈黑色的硅质,石球上还有清晰的纹路。

这些石球是古代植物的化石吗？专家说植物变为化石后，它以前的一些特征如树杈、年轮、树皮等都能在其化石上或多或少地表现出来。更重要的是植物被固化的液体即石化的成分。无论是硅质、铁质还是钙质，特别是硅化木，它的质地总是和一般的硅质岩石有所区别。而这些石球不仅没有植物果实的丝毫特征，其内部的硅质也没有硅化木的那种质感。所以这些石球不是植物化石。

那么，这些神秘的石球到底从何而来呢？科学家们提出了种种假设。

有人认为是火山喷发而形成的。炽热的岩浆，喷到空中时，遇冷空气凝结，便散落到地面，形成了石球。也有人认为石球是地质作用的产物。是由于产生石球处的砂岩和黏土岩刚刚形成并开始硬化时，地壳的运动和风化作用使这些岩层产生了大量的裂隙，雨水夹带着一些化学物质和碎屑向下过滤浸透，并逐渐胶结在一起，形成了结核体。结核体越滚越大，越凝结越多，随着岁月流逝，结核体外面的松散层渐渐剥落，由砂粒牢牢聚集在一起，石球就形成了。

关于它们的作用，有的学者认为，它们可能是古人信奉原始宗教而雕刻的星神或祭品。也有人认为，古人都有灵魂不死的信仰，他们相信人死后的灵魂将寓于石球之中，所以古人将石球作为坟墓的标志或象征，以期死去的人的灵魂有安身之所。不过，世界这么多的地方都发现了石球，难道都是用来做坟墓的标志或象征的吗？还有人认为，远古先民为了显示圆形的美，由此制作成石球艺术品。但是这些石球表面十分的光滑，远古人用什么将这些石头打磨光滑呢？更有人认为石球与外星使者乘坐的某种球体在地球上着陆有关。

但是不少人认为发现的石球数量众多，不可能与外星人有关。人们更倾向于是大自然的杰作。你觉得哪一种说法更可信呢？

"救星石"

2003年下半年，一则新闻引起了国内外地质界的关注——贵州省平塘县掌布河峡谷的一块巨石上,发现有"中国共产党"字样的图案。后来就有专家提出,贵州平塘神秘"天书"疑是外星人所为,但有多篇文章质疑这种说法的真实性。

为此,我国多名地质学界专家应邀到贵州考察,最后得出奇石系天然形成的结论。

经鉴定,考察团认为这一巨型"救星石"图案是由于地质作用而形成,其存在概率为百万亿分之一。

据了解,贵州平塘地区曾经是一片汪洋大海,由于海水中的砂石灰土和生物遗骸逐渐的沉积,在海底便形成了沉积岩,慢慢又变成了以碳酸钙为主要成分的灰岩,在每层灰岩之间还夹杂着些泥砂质以及古生物遗骸形成的化石。

后来在2.7亿年前的地壳运动过程中,这部分海底随着喜马拉雅的造山运动一起上升,成为陆地和山脉,那部分灰岩也暴露在空气中,受后期溶蚀、淋滤、风化作用,灰岩层中的可溶蚀部分被溶蚀掉了,而灰岩中那些含有贝壳等古生物的碎屑岩则没有被溶解,并且在两侧没有溶解的灰岩之间形成了凸起。又由于是在山谷里,它们的两侧经常会有石头掉下,石头落地后碎成几片,这些突起也会随着石头的开裂而裂开。这样,人们就在裂石的表面发现了突起的图案,平塘的巨石奇文就是这样形成的。

石林

云南石林

云南石林位于昆明市亦称路南石林。石林面积广阔,约27万公顷。游览区约80公顷,"群峰壁立,千嶂叠翠",这一题词高度概括了石林雄伟壮丽的景色。

路南石林到处怪石嶙峋,奇峰似林,高低不等,矮的几米,高的达几十米甚至上百米,被喻为"天下第一奇观"。比较著名的有莲花峰、剑峰池、母子偕游、万年灵芝、象踞石台、凤凰挠翅等等。著名的"阿诗玛"就在这

云南石林

里。她头戴围巾,身背背篓,头略仰,面西而立,好像采撷归来。这些千奇百怪的石头群,或密集重叠,或稀疏独耸,或错落有致,成行成片,有的似塔似柱,有的似笋似树,有的似人似兽,更有的神似花鸟虫鱼,简直像一片大森林。

这奇特的石林究竟是怎样形成的呢?神话传说中它是从天而降,来自仙人之力。当然传说并不是真的,石林是大自然的杰作。据地质学家分析,在两亿多年以前,云南还是一片汪洋大海,海底有大量的石灰质沉积物。路南石林就是由古生代二叠纪石灰岩组成,当它遇到含有丰富的二氧化碳的水溶液后,岩石被溶蚀。又加上这里的岩石垂直节理非常发育,厚度大,岩层多被切割成20厘米左右的菱形块体,这就十分有利于水溶液在裂隙中产生溶解作用。而石林地区又恰巧位于牛首山隆起的南端,是一个宽阔平缓的背斜构造,地壳活动只表现为一种缓慢的大面积上升运动。从第四纪开始,约上升了100米。这样,使得地下水能沿着垂直节理向下不断进行溶解,岩层就被切割得支离破碎,形成很多峰、柱、笋、壁错落群簇的壮丽奇景。

变成石头的树林

在我国新疆北部准噶尔盆地的戈壁滩上,有一片森林,组成森林的树木都是石头树。这片石树林共有 1000 多棵树。最高的有 20 多米,最粗的树干,5 个人合抱还抱不过来。这些石头树的树皮、树枝都相当完整,在折断的树干上可以看到清晰的年轮。在这沙石遍地、寸草不生的戈壁滩上,有些树直立着,有些树斜戳着,有些则躺在地上,有一棵粗大的树干横搭在一条深沟上,构成了一座天然的独木桥。

这些石头树都是树木的化石,被称为硅化木,也叫石树或木变石。而树木化石组成的化石森林也叫做硅化木林。

准噶尔盆地的树木是怎么变成石头的呢?大约 1.4 亿年以前,这里气候温暖潮湿,河湖相连,非常适宜于植物生成,因此生长了大片的森林。后来,由于地壳变动,这里的地面不断地下沉,地上的树木也被埋入了地下。含有硅酸盐的水溶液不断渗入树木的内部,矿物质逐渐代替了树内的木质,原来的木头树也就变成了石头树。又过了很久,随着地壳的变动,原来深埋地下的部分又升出了地面,这些树又见到了天日,也就形成了现在的石头树。

夜明珠是石头吗?

夜明珠在我国古代被视为神之器物。相传它是世界上极为少见的能在夜间发出璀璨光芒的奇珍异宝。

那么夜明珠是什么物质,又怎么能发光呢?中国宝石专家认为夜明珠是一种萤石矿物,发光原因是与它含有稀土元素有关,是矿物内有关的电子移动所致。只要在日光灯照射下即可发光,而且白天晚上都能发光,只是由于白天光线强烈看不到而已。所以他们认为萤石雕琢成珍珠者即叫夜明珠,雕成玉板者叫夜光壁。因此,能发光的夜明珠并不是珠贝蚌所产的珍珠。

英国著名学者李约瑟在其巨著《中国科学技术史》中记载,古代中国人喜爱叙利亚产的夜明珠,它别名为"孔雀暖玉"。据说,印度一些人把夜明珠称为"蛇眼石"。据日本宝石学家玲木敏所著的《宝石志》中记载,日本的夜明珠是一种特殊的红色水晶,被誉为"神圣的宝石"。

据说夜明珠是从矿石中采集而得,但它在地球上的分布是极为稀少的,采集也十分的困难,故此显得格外珍贵。一些古书上描写它具有"侧而视之色碧,正面视之色白"的奇异闪光。在古代希腊和罗马,有的帝王把它镶嵌在宫殿上或者戴在皇冠上,将它作为国宝加以宣扬和赞美。

那么夜明珠真的只是萤石由人工加工而成的吗?有人持反对意见。因为萤石的光度有限,不能达到"发出强烈光芒"的程度。还有人说在夜明珠的萤石成分中混入了硫化砷,钻石中混入了碳氢化合物。白天,这两种物质能发生"激化",到晚上再释放出能量,变成美丽的夜光,并且能在一定的时间内持续发光,甚至永久发光。但以上只是一部分专家的看法。夜明珠还有许多奥秘,至今还没有被专家们了解。据说,有一种叫做水晶夜明珠的,能发出"火焰"般的夜光,但其中的发光物质究竟是什么?至今还不太清楚。总之,夜明珠还是一个没有完全被解开的千古谜团。

景色别致的溶洞

在我国海南省的马鞍岭附近有两座景色迷人的溶洞:仙人洞和卧龙洞。

仙人洞宽 40 余米,高仅 3 米,长 1200 多米。洞中有一个十分宽阔的主洞,可以容纳上千人,主洞两侧还有一些较小的支洞。洞顶、洞底和洞的四壁,布满形态各异、大小不一的怪石,构成一处处让人浮想联翩的景观,使整个洞穴成了一个景象离奇的地下迷宫。由于洞顶离地面比较近,有的地方洞顶塌落,便为岩洞开了"天窗"。

卧龙洞如一条蜿蜒于地下的长龙,高 7 米,宽 10 米,长达 3000 余米。

洞底平坦，洞壁光滑，像是一条人工开凿的隧道，两辆卡车可在洞中并排行驶，比乡间公路还宽。

马鞍岭岩洞与其他的溶洞不同，一般的溶洞都是石灰岩经过漫长的时间被溶蚀后形成的，而马鞍岭岩洞却是火山熔岩铸造出来的，自然时间要短许多。马鞍岭和它附近的几十座山都是几万年前火山喷发形成的。火山喷出的熔岩顺着山势向四处漫流，虽然熔岩表层很快凝固硬结，但是下面的熔岩却还在继续流动着。所以在火山停止喷发后，由于没有新的熔岩作为补充，当硬壳下最后的熔岩流走后，就形成了内部空空的洞窟或长长的隧道。而那些黏附在洞壁的熔岩和滴落在洞底的熔岩冷却后就变成了类似钟乳石的各种怪石。

火龙洞

在我国新疆伊宁市的白云山中有一座火龙洞，从火龙洞口不断有白雾飘出，如同袅袅炊烟。人们说洞里有火龙，这白雾状的"仙气"就是火龙喷出来的。所以当地人就称火龙洞为"神仙洞府"。

当然这是一种传说，经过考察，原来火龙洞里有天然的热水和热气，是地下深处的热水、热气从这里冒出来了。火龙洞内分成水洞和旱洞两个洞。旱洞里蒸汽弥漫，越往洞的深处走，温度越高，洞尽头达到了使水沸腾的温度。水洞里除了有蒸腾的热气，还有热水。高温的水蒸气从洞口冒出，遇冷凝结，形成云雾，给白云山罩上了一层白雾。

火龙洞还有为某些病人解除病痛的奇效。由于火龙洞的水汽中含有硫磺、白矾等多种矿物质，所以可以治疗好多种慢性病和皮肤病。到旱洞里治病的人，一般都坐在温度40℃左右地方的水泥凳上，好像在进行桑拿浴，热气蒸得人满身大汗淋漓，等皮肤变成古铜色，即为一个疗程。水洞里除了可进行桑拿浴外，还可以洗温泉澡，病人在热蒸汽中浑身冒汗后，用干毛巾反复擦搓，再用热水进行洗浴就可以了。

一山三奇洞

在我国河北省的云泉山上有 3 个石洞,这三个石洞相距不远,洞口也没多大差别,但却迥异得让人称奇!

这三个洞分为水洞、风洞和冰洞。水洞在最北边,洞的顶部有一眼泉,泉水汩汩外冒,终年不停,泉流冲击洞壁,飞溅的水花使洞内水雾缭绕,到处滴水。水洞里泉水常年喷涌,从来没见过结冰,就连在寒冷的冬天,在水洞里都找不到任何冰凌。

风洞在中间,这里的风不是由洞里往外吹,而是由洞口向洞里吹。洞里有一种无形的力量,把外面的空气不断地吸进洞里。

冰洞在最南边,这里一年四季像冷库一样寒冷,由于寒冷,这里没有水洞飞溅的水花,洞壁、洞底到处都是冰,冰凌的形态也各式各样,有冰柱、冰帘、冰花等,比得上石灰岩溶洞里那形态各异的钟乳石。

究竟是什么原因形成了这样奇特的三个洞,至今没有答案。

神奇的奇风洞

在云南路南石林风景区东北 5000 米的山坡上有一个洞口约 1 米的岩洞。这个石洞十分的神奇,人们发现有阵阵的怪风从洞口出来,所以被人们称之为"奇风洞"。奇风洞在吹出怪风时,先是一阵巨响,接着山洞中不断地发出吼叫,仿佛是战场中的锣鼓。这时,一股强劲的风从洞口发出,洞外瞬间被这股大风刮得尘土飞扬。

几分钟后,风力逐渐减小,最后又变成回风,一些杂草和落叶还被吸进洞里,一两分钟后,回风就消失了。再过几分钟,洞内又开始第二次向外喷风。但是风力和持续的时间比第一次明显减弱。第二次"吐"风结束后,一切都回复正常,完成了一个喷风周期。

奇风洞为什么可以喷风呢?地质学家经过反复考察,终于揭开了奇

奇风洞

风洞喷风的神秘面纱。

　　原来这是石灰岩岩溶地区的一种罕见的虹吸现象在作怪。在奇风洞东面 100 米处,有一个群山环抱着的山沟,沟里有个由石灰岩受溶蚀而生成的奇特而深邃的落水井。一股清泉从上游游来,落入井中,沿着井底的贯穿山体并向上拱曲的岩石裂隙流入地下,形成暗河。当井中的水位没有超过弯道的顶点,是不会产生虹吸作用的。一旦水位达到这一高度,虹吸作用便会产生。这时井中的水被急速地沿弯道抽走,井沿着下面的通道排向暗河。由于水流急速便产生如千军万马奔腾的隆隆响声。同时,本来淤积在弯道中的空气受到流水的推压,迅猛地从通向奇风洞的通道中排放出去,形成喷风。当落水井中的水因为被大量抽走而急剧下降至虹吸裂隙口处时,空气便重新进入弯道,虹吸作用停止,喷风也停止,而且由于地下的洞穴中出现了瞬时的真空状态,所以空气还会通过喷风口向里回灌,形成回风。又由于在这个地方同时存在两套虹吸系统,致使每个

喷风周期由两次喷风组成。

墨西哥的"水晶洞"

2000 年,人们在墨西哥奇瓦瓦沙漠奈加山脉下,发现了一个含有很多巨大天然水晶柱的洞穴。因为这些水晶都呈剑状,人们称它为"剑之洞"。剑之洞位于地下 300 米处,是一个宽 10 米、长 30 米的马蹄形石灰岩溶洞。人们在地表可以看到水晶柱从洞穴的上面和四周突出来。这些半透明的巨型水晶长度一般都达到 11 米,重约 55 吨,其中包含世界上最大的自然水晶体——长 12 米的半透明水晶柱。

然而这个壮观的"水晶洞"是如何形成的,一直众说纷纭。2007 年,地质学家加西亚·鲁伊斯称他已经解开了剑之洞的巨大水晶柱是怎样形成的谜团。

鲁伊斯通过研究"水晶洞"中的小水晶后称,这些水晶生长的速度很快。这是因为"水晶洞"中含有大量的铅、锌等矿物质,水晶都被淹没在含有这些丰富的矿物质水中,并且这些水的温度总是保持在 58℃左右。在这个比较稳定的温度下,无水石膏这种矿物质在大量水的浸泡中就会被分解成为石膏,石膏是一种柔软的矿物质,它可以形成洞穴当中的水晶。

鲁伊斯进一步解释说无水石膏是一种含水量很少的石膏,它在 58℃以上时比较稳定,而在 58℃以下时就会分解成石膏。而奈加山脉形成于2000 多年前的火山活动,其中充满了高温的无水石膏。当奈加山下的岩浆冷却下来时,温度也就下降到了 58℃以下,这时无水石膏开始分解,后来经过数百年的沉淀,最后形成了今天这么巨大的石膏水晶。

"好色"的魔洞

1976 年 10 月,来埃及旅游的美国夫妇正在埃及坦尼亚大道上游览时,其妻子突然失足落入一个出现在面前的小洞中,转眼便失去踪影。许多人都帮忙寻找,但是一点踪迹都没有。

此后的 3 年中,又连续发生了 4 起新娘子失踪案件。1974 年 5 月失踪的是希腊籍新娘奇物尼夫人,1975 年又有当地两位新娘在这条街上神秘失踪。而在 1976 年 1 月 13 日发生的"劫美"案是第一次有官方记载的案件。

那天,结婚刚 2 个月的比尔和他漂亮的新娘阿菲·玛丽亚正并肩走在坦尼亚大道上。忽然,玛丽亚被一种神秘的力量拖拽着跌进一个直径约 60 厘米、深约十几厘米的小洞里,瞬间踪影全无,惊慌失措的比尔马上报警。经调查那是水务局修理地下管道后遗留下来的一个小洞。警察马上调来水务局的工人,利用铲土机从坑洞处把路面整个掘开,那个小洞很小,连人的小腿都遮不住。后来又向下掘了 4～5 米深,却仍然一点线索也没有发现。

尽管警方采取了各种先进的探测手段,对大街进行了详尽地调查,但至今仍未得出令人信服的结论。埃及考古学家准哈布博士认为,坦尼亚大街地下可能有古代水井或蓄水池,因而道路会突然出现洞穴,但警方掘开路面后,并没有找到任何古代遗迹。也有人认为坦尼亚大街底下存在特殊的磁场,而这种磁场目前还不为我们所认识,在特殊的情况下会产生作用。还有人认为那里存在四维空间,而只有某些"幸运"者才能进去。而现在科学还不能证实存在四维空间,如果某一天发现真的存在四维空间,这些谜题也许就可以迎刃而解了。

海洋江河湖泊山泉

五湖四海在哪里

人们常常说"五湖四海",但是它们究竟在哪里呢?先秦古籍中就有关于"五湖"的记载说,五湖是指吴越地区太湖附近的五个湖泊。《周礼·夏官·职方氏》:"东南曰扬州……其泽薮曰具区,其川三江,其浸五湖。"郑玄注:"具区、五湖在吴南。浸,可以为陂灌溉者。"具区就是太湖。由此可以看出,"五湖"就在太湖附近,但一直没有具体的名称。因为这五个湖与太湖相连,也有人把包括太湖在内的这一片水域叫做"五湖",这样五湖就成了太湖的别称。《国语·越语》和《史记·河渠书》中的五湖指的就是太湖流域一带所有的湖泊。《国语·越语下》:"果与师而伐吴,战于五湖。"韦昭注:"五湖,今太湖。"北魏郦道元在《水经注·沔水》中明确指出:"五湖乃长荡湖、太湖、射湖、贵湖、滆湖。"

"五湖"一词在其他的古籍中也有着不同的含义。汉赵晔《吴越春秋·夫差内传》:"入五湖之中。"徐天佑注引韦昭曰:"胥湖、蠡湖、洮湖、滆湖,就太湖而五。"《史记·夏本纪》记载:"五湖者,菱湖、游湖、莫湖、胥湖、贡湖,皆太湖东岸五湾为五湖,盖古时应别,今并相连。"《史记·三王世家》:"大江之南,五湖之间,其人轻心。"司马贞索隐:"五湖者,具区、洮涌、彭蠡、青草、洞庭是也。"明杨慎《丹铅总录·地理》:"王勃文'襟三江而带五湖',则总言南方之湖。洞庭一也,青草二也,鄱阳三也,彭蠡四也,太湖

风景优美的洞庭湖

五也。"近代一般以洞庭、鄱阳、太湖、巢湖、洪泽为五湖。

四海的说法也很多,古人认为中国四境有海环绕,各按方位为东海、西海、南海、北海,但没有确定的海域。汉代刘向《说苑·辨物》:"八荒之内有四海,四海之内有九州。"八荒是八方荒芜极远的地方,四海就是环绕中国四周的海。所以中国就被称为海内,外国就是海外。四海环绕在中国的四境,所以四海又被用来指称天下。唐代李绅《悯农》:"春种一粒粟,秋收万颗子。四海无闲田,农夫犹饿死。"诗中的四海就指天下。又因为我国的少数民族多生活在偏远的边疆地区,四海就指四邻各族居住的地域。《尔雅·释地》:"九夷、八狄、七戎、六蛮,谓之四海。"通常认为,四海是指我国东部大陆边缘与太平洋相邻的内海和边缘海。它们是渤海、黄海、东海和南海。

马尾藻海

马尾藻海又称萨加索海,是大西洋中一个没有岸的海,它的上面覆盖大约 500 万~600 万平方千米的水域。马尾藻海上长满了马尾藻,远远看去一片绿色。然而这片海域却被称为"魔藻之海"或"海洋的坟地"。

因为马尾藻海在航海家们眼中是海上荒漠和船只坟墓。在这片空旷而死寂的海域,几乎捕捞不到任何可以食用的鱼类,海龟和偶尔出现的鲸鱼似乎是唯一的生命,此外就是那些单细胞的水藻。在众口流传的故事中,马尾藻海被形容为一个巨大的陷阱,经过的船只会被带有魔力的海藻捕获,陷在海藻群中不得而出,最终只剩下水手的累累白骨和船只的残骸。

最先进入这片海域的是哥伦布,他们在这里被围困了 1 个多月,最后在全体船员们的奋力拼搏下才得以死里逃生。

在第二次世界大战中,英国奥兹明少校曾亲自去了马尾藻海。海上无风,"绿野"发出令人作呕的奇臭,到处是毁坏了的船骸。海藻表面有极大的黏性,吸住人的手后,竟留下了血痕。到了晚上,海藻像蛇一样爬上船的甲板,似乎要将船裹住不放,为了航行,他只好把海藻扫掉,可是海藻越来越多,像潮水一样涌上甲板。经过一番搏斗,精疲力尽的他侥幸得以逃生。

这些海藻为什么"吃人",至今也没有人能解释清楚。

珊瑚海

全世界的大海中面积超过 300 万平方千米的海只有 3 个,超过 400 万平方千米的只有珊瑚海,珊瑚海是南太平洋的属海,它的总面积达 479.1 万平方千米,它的西边是澳大利亚大陆,南连塔斯曼海,东北面被新赫布里底群岛、所罗门群岛、新几内亚（伊里安岛）所包围。珊瑚海大部分的海底水深 3000～4000 米，最深处 9174 米，也是世界上最深的海。

珊瑚海地处热带，它的周围几乎都没有河流流入，海水清澈，水下光线充足，海水的盐度多在 30%～35%，这些条件非常适合珊瑚虫的生长。色彩斑驳的珊瑚礁盘点缀在澄澈的碧水中，呈现出绮丽的景观。这其中包括了几个最大的珊瑚礁区：大堡礁（澳大利亚昆士兰海岸以东）、塔古拉堡礁和新喀里多尼亚堡礁。

从空中俯瞰，大堡礁异常的美丽。由于珊瑚要在阳光充足的热带海区浅水水域中才能生长，所以在大陆架和海底浅滩区域逐渐形成了大量的珊瑚礁。大堡礁沿着澳大利亚东北部大陆架绵延了 2030 千米，是地球上最大的活珊瑚体；大堡礁的另一部分分布在岛屿周围，这些岛屿其实是海洋中的山脉的顶峰。整个大堡礁由 3000 多个形成于不同阶段的珊瑚礁、珊瑚岛、沙洲和泻湖组成，它的形成历史在 1 万年以内，即最近一次冰河时期以后。

塑造这几千千米长的珊瑚礁体的小珊瑚虫大约有 350 种。珊瑚虫与水母有亲缘关系，每个珊瑚虫的嘴周围有一圈触须，从海水中吸取碳酸钙，变成石灰质的外壳，外壳累计起来便成为珊瑚礁。珊瑚虫与一种叫做虫黄藻的微生物共生于石灰质外壳中，虫黄藻能进行光合作用，把二氧化碳和水合成碳水化合物和氧，可供珊瑚虫吸收，虫黄藻也需要珊瑚虫提供硝酸盐和其排泄物中的其他养分。所以，生长的珊瑚礁只能在有阳光的浅水区，水深不超过 40 米。

白天在珊瑚礁阴影下的水中一片沉寂，到夜里珊瑚丛中的各种动物就开始活动。珊瑚虫也在夜间觅食，伸出色彩缤纷的触须捕食浮游生物。无数珊瑚虫的触须一起伸展，宛如鲜花怒放（白天触须关闭，否则会遮住虫黄藻需要的阳光）。

在大堡礁中也存在着争夺食物和空间的现象。珊瑚分为软珊瑚和硬珊瑚（造礁的珊瑚）两大类。它们会清除其领域内的竞争同类。此外，还

有吃珊瑚的动物,例如刺冠海星。它能把腹腔吐出来贴在珊瑚礁上把包括珊瑚虫活体在内的礁盘一起消化掉。刺冠海星的数量会周期性地剧增,可以把整片珊瑚礁吃干净。

珊瑚礁会不断的生长,新的珊瑚礁露出水面,很快会盖上一层白沙。不久,先锋植物就登陆了,它们结出的耐盐果实可以在水上漂浮数月,漂到合适的地方生根落户。

大西洋的中脊

很多的海洋都有一个中脊,如同人类的脊梁。海洋的"脊梁"长度、宽度都是足以让人称奇的。如著名的大西洋中脊自北部的冰岛起,至南部的布维岛止,长约 15000 千米,巍然耸立于洋底,山脉走向也与两岸轮廓一致,呈 S 形,距东西两岸几乎相等,位置居中,也正是如此,才被称为"中脊"。

大西洋的中脊

大西洋中脊平均高出海底 2000 米左右,有的地方高出 4000 米,部分地方甚至高出海面成为岛屿,如冰岛等,并常构成火山岛。据调查,仅与大西洋中脊断裂带相联系的冰岛,就拥有 200 多座活火山。

大西洋中脊的轴部是配置纵向的中央裂谷。它把大西洋中脊的脊岭从中间劈开,像尖刀一样插入海脊中央。断裂谷深度在 3250～4000 米之间,宽 9 千米。大裂谷中央完全没有或者只有薄薄一层沉积物,这表明这个区域的洋底是由新形成的岩石构成的。是由新涌上来的岩浆在这个裂谷的正中央形成新的地壳。科学家发现大洋底岩石的年龄离洋脊愈近愈年轻,愈远就愈老。因此,很多权威资料相信,南大西洋洋底自 6500 万年以来,一直以平均每年 4 厘米的速度向两侧分离开来。另外,大西洋海脊大裂谷的两边还有许多很深的峡谷,这些破裂带成直角切过裂谷。而数万年来的大陆漂移扩散,就是循着这些横向破裂带移动着。因此,大西洋中脊是现代地壳最活动的地带,那里经常发生岩浆上升、地震和火山活动,水平断裂地带广布。它们是怎样生成的呢?科学家们认为,大西洋中脊是新地壳产生地带,洋脊高峰被一个中谷分成两排峰脊,而中谷是地壳张裂的结果,地壳以下的熔融岩浆沿着裂谷上升,凝结成新地壳,这些新地壳不断产生,把原来的地带向两旁推移。这样就使得大洋底岩石的年龄离洋脊越近越"年轻"。而且大裂谷的扩张速度并不是两边完全对等的,有可能一边扩张,一边相对不动。但是大西洋中脊的岩石如何能沿水平方向推移开去,构成新的洋底的呢?这一问题还未给出答案。

2007 年,科学家在大西洋中脊发现一个奇怪的海底洞穴,多达数千平方千米的地壳在这里神秘消失,而本应位于地表下约 6 千米处的地幔却直接裸露在外。而地球由表及里是由地壳、地幔和地核构成,地幔的上一层应该是地表,还没有地幔直接露在陆地外面的。人类在海底钻探曾经达到 2111 米,即便从最薄的地壳处开始钻起,也无法抵达地幔层。可想而知这个洞穴的存在是多么的神奇。迄今为止,科学家们关于大西洋中脊的这个神秘"地壳空洞"基本存在着 2 种猜想:一种是,两大原本相邻的地质板块在发生游离时,导致原本位于底层的地幔上升。不过,上浮至地表的地幔并非熔化的岩浆,而是固态的石块。第二种,由于地壳发生断裂,导致海底地幔上方自然出现一个空洞。不过,也有科学家认为,"地壳空洞"的出现也可能是上述两种现象共同作用的结果。

大西洋中脊存在的秘密或许近期无法解答完,但我们依旧要保持强烈的好奇心和科学严谨的态度,来解决这些未知的谜题。

神奇的海上之光

海上光球

20世纪初,有船只在大西洋看到过一个发光球体,它在空中持续了将近1小时,电光四射,船只的许多地方都发出雪白的光。钢缆上每隔一段距离就有一团光,仿佛一盏盏明亮的灯泡。有的地方甚至冒出耀眼的火花。不少科学家认为,这可能是大气中电场强度较大时形成的放电现象。但是,这一设想一直到今天,仍未能被证实。

1967年12月,从未出现过雷电现象的北极地区的霍谢特·哈尔特水文气象站的西方海平线上突然冒出一个光球,它发出耀眼的光辉。后部拖着一条光带,就像从海中升起的光柱。光球继续升高,并分出了一个小光球。几分钟后,小光球便消失了,而大光球仍在继续爬高。大约5分钟后,大光球和拖起的光带开始消失,人们到现在仍未能搞清其真正的成因。

海上光环

海上光环在人类航海史上经常遇到。有一次,一艘俄国的船只正在海洋上航行,突然从海面冒出一个耀眼的白色光球,它渐渐地扩大成一个光环,将船体团团围住。数分钟后,它便自动消失了。

1902年,俄国巡洋舰在勘察加海岸忽然间罗盘失灵,不能控制航向了。后来才知道是由海上光环引起的。人们发现,海上光环来临时,会伴随着许多奇怪的现象：罗盘的指针忽然左右摇摆，人们的头发时时哗啦哗啦作响，船上的一些物体也跟随着发出亮光。这些光环是怎么形成的至今仍是个谜。

海上光轮

1880 年的一个夜晚，一艘轮船正在波斯湾海面上航行，船的两侧突然出现直径为 500～600 米的圆形光轮，这两个奇怪的"海上光轮"在海面上围绕轮船中心旋转着。它们跟随轮船前进，大约 20 分钟后才消失。

1909 年 6 月 10 日的夜间，一艘丹麦汽轮正航行在马六甲海峡，船长宾坦突然看到海面上出现一种奇怪的现象：一个几乎与海面相接的圆形光轮在空中旋转着，当时船员们都有一种不舒服的感觉。

1973 年的一个凌晨，"安东·玛卡林柯"号货船的船员在马六甲海峡看到一些光点，不大一会儿光点开始旋转，形成一条宽约 10～15 米的光带。尔后，光带的两端向同一个方向弯曲，构成一个巨大的光轮，随之作越来越快的反时针方向旋转。几分钟后，光轮又慢慢地分散成小光点，逐渐地消失了。

另外，一艘名为"戈林福劳克斯"号的货船在暹罗湾也发现了两个数千米长的同轴磷光连接轮一上一下地在不同的方向旋转。

面对这些奇怪的海上光轮，有人说它可能是舰船的桅杆、吊索、电缆等结合而产生旋转的光圈；还有人说海洋浮游生物也会产生美丽的光轮；还有人猜测是由于球形闪电的电击而引起的一种现象；或是由于某些物理现象所造成。但这些说法都还只停留在猜想的阶段。解开这些光环的形成的谜团还需专家们去做大量的调研工作，而后再做出科学合理的解释。

海上光火

1975 年 9 月 12 日，人们在江苏省一带发现海面上发出微微的光亮，并随着波浪的起伏跳跃，亮光一直到天亮才逐渐消失。接下来的几天，就一直出现，而且明亮异常。到了第七天水中还有发光的颗粒。几小时后，这里发生了一次地震。

这种海水发光现象被人们称为"海上光火"。海上光火常常出现在地震或海啸前后。

海上光火是怎样产生的呢？一般认为是水里会发光的生物受到扰动而发光所致。因此人们推测，当海水受到地震或海啸的剧烈震荡时，便会刺激这些生物，使其发出异常的光亮。然而，另一些研究者对此持有异议。他们提出，在狂风大浪的夜晚，海水也同样受到激烈地扰动，为什么没有刺激这些发光生物，使之产生海上光火？他们认为海上光火是一种与地面上的"地火"相类似的发光现象。

不久前，美国学者对圆柱形的花岗岩、玄武岩等多种岩石进行破裂试验。结果发现，当压力足够大时，这些岩石便会爆炸性地碎裂，并在几毫秒内释放出一股电子流，激发周围的气体分子发出微弱的光亮。在实验中，他们还注意到，如果把样品放在水中，则碎裂时产生的电子流，也能使水面发出像火焰一样的亮光。

但是在有些海啸发生时，不像地震那样会发生大量的岩石爆裂。那么，海上光火又是怎样产生的呢？一些人认为，海上光火作为一种复杂的现象，仅从生物发光和岩石爆裂发光去说明是不够的，需要考虑多种因素。

海底"风暴"哪里来

有科学家在美国东北部大西洋沿岸进行考察时，他们发现从5000米深的海底采集上来的海水，竟混浊不堪，其混浊程度比一般大洋水高出100倍。他们还从海底拍摄的照片上看到，在平坦的海底沉积物表面出现了有规则的波纹，犹如一阵大风刚刚刮过，水面留下了一片涟漪。在非常平静的深海世界里，出现这种奇异的现象，实在令人费解。

莫非在海底出现了"风暴"？为了查明原因，美国的海洋学家和地质学家进行了一次名为"赫伯尔实验"的科学考察。

科学家们在"赫伯尔实验"中采到了混浊的水样,再次表明这些底层海水的运动异常强烈。他们还发现这里海水的混浊程度随地点、时间变化很大。越靠近海底,海水混浊度越大,但也有非常混浊的海水区域在几天后突然又变清的情况。

实验中还发现这里的海水透明度的变化也很大。有一架透明度仪观察到 3 次极端黑暗期,每次持续 3～5 天,黑暗程度达到难以置信的混浊状态,手一伸进去,就看不到了。

科学家们认为,这是由于有一股 1000 米长的沉积物"云雾"状潜流在海底滚滚奔腾的结果。它犹如刮起的一股海底"风暴",非常地猛烈,将海底沉积物刮起,使海水变得异常混浊。但是,这股深海潜流为什么如此激烈呢?有的海洋学家认为,这是从附近流来的一支强大的海流——墨西哥湾流左右摆动的结果;另一些海洋学家认为,该海区有一南一北走向的海底隆起,这种上下起伏的地方,使深海水激烈地扰动;还有一些科学家指出,在"赫伯尔实验"区域的南部有水下死火山山脉,这种海底起伏的地形也能够改变海流方向,形成剧烈的漩涡。

海底为何有许多小坑

科学家在地中海的许多区域都发现了很多小坑。这些小坑长约 50 厘米,宽 30～50 厘米,深约 50 厘米。但其形成原因,至今仍无定论。

为了解开这一谜团,法国维尔夫朗什城水下地质动力实验所的专家们进行了研究。他们观察了海底小坑的电视摄影片及照片,认为这些海底小坑可能是鲸类所掘。例如,科西嘉岛附近海域的鳁鲸特别多,这一海域的海底小坑也特别多,海底几乎被翻遍。专家们推测,鲸用嘴翻动海底淤泥,将淤泥吸进口中,再用鲸须滤去淤泥,获得可食的软体动物和小鱼小虾等充饥,于是海底留下了小坑。在海底挖掘小坑的可能还有抹香鲸,因为在它们的胃中常有大量的淤泥。另一种解释是,这些海底小坑,也有可能是由于鲸这类海洋动物在水下猎捕它们最爱吃的乌贼时,不慎将头

撞入海底所致。

但有些科学家对此提出了疑问。他们认为这些小坑不仅在较浅的海底有,在很深的海底也有,科学家们已在水下 2600 米处拍到了这种海底小坑的照片。而迄今为止,人们还不知道鲸类能否潜入这样深的海底。因此,这些海底小坑可能不是鲸类挖掘的,而是一种尚不为人所知的力量所造成的。

好望角为何多风暴

好望角位于大西洋和印度洋的汇合处,即非洲南非共和国南部。因好望角多风暴,它成为世界上最危险的航海地段。即使在今天,37 万吨以上的巨轮也要绕道好望角航行!但西欧和美国所需要的石油,一半以

好望角

上需用超级油轮经好望角运送。因此,好望角是石油运输线上的"咽喉"。但许多航行到此的船只往往难逃沉船的厄运。究竟是什么原因使得好望角多风暴呢?

许多科学家都来到好望角进行考察,经过一段时间的调查,科学家将造成好望角附近海域风浪大的原因归纳成以下两种说法。

一种说法认为,好望角附近海域风浪大是由西风造成的。好望角位于非洲大陆的西南端,它像一个箭头突入大西洋和印度洋的汇合处。因为好望角恰恰位于西风带上,所以当地经常刮 11 级以上的大风,大风激起了巨浪,经过的船只就处在危险之中了。

"西风说"虽然有一定的道理,但是它存在一个致命缺漏。因为这种学说无法解释在不刮西风的时候,为何风浪还是如此之大。一年 365 天,并不是每一天都刮西风,刮西风时海浪被掀得很高,但是为何不刮西风时,海浪还是如此之大呢?

因此,美国的一位科学家提出了另外一个观点——"海流说"。这位科学家分析了多起在好望角附近海域发生的海难事件。发现每次发生事故时,海浪总是从西南扑向东北方,而遇难船只的行驶方向是从东北向西南。也就是说,船行的方向正好和海浪袭来的方向相反,船是顶浪行驶的。通过实地调查当地的海流情况也发现,好望角附近水下的海流与船只行驶的方向是相同的,换句话说,海底的海流推动船只顶着海浪前进,几股力量的共同作用就造成了船毁人亡的结果。

但是"海流说"也存在着缺陷。比如,由于海水是流动的,所以很难保证在实际中海流的方向永远保持恒定。

直到现在,好望角附近的海面仍在无情地吞没着无数的船只。

向西流的倒淌河

倒淌河是一条由东向西流淌的河。它发源于日月山西麓的察汗草原,海拔约 3300 米,全长约 40 多千米,自东向西,流入青海湖,故名倒淌河。它是青海湖水系中最小的一支,不仅河流蜿蜒曲折,而且河水清澈见底,看上去犹如一条明亮的缎带飘落在草原上。倒淌河两岸气候多变,乍冷乍热,时晴时雨,有着极大的落差。有时烈日当头,会忽然降下大雨,未见地皮湿透,雨滴又忽然不见了。有时河北岸晴空万里,河南岸却下着如注的暴雨……

关于倒淌河还有美丽的传说,但因一山之隔,两个传说完全不一样。日月山以东,汉族民间千百年来的说法是:唐王李世民为了沟通藏汉两族的关系,促进文化交流,将年轻美貌的文成公主嫁给吐蕃松赞干布。文成公主

倒淌河石碑

在赴西藏途中,到达日月山时,回首不见长安,西望一片苍凉,念家乡,思父母,悲恸不止,流泪西行,公主的泪汇成了这条倒淌的河。日月山以西,藏族中流传的则是另一个神话:龙王派他的四个儿女造南北东西四河,最小的女儿造西海时,需108条河水,她找到了107条河,最后一条河怎么也找不到。聪明、狡黠的小龙女从日月山倒着牵来了一条河,这条河便是倒淌河。

为何倒淌河会由东往西流呢?据地质学家介绍倒淌河原也是一条东流的河,它和布哈河、罗汉堂河一起注入黄河,后由于地壳的变动,日月山隆起,它才折头向西注入青海湖,成为一条倒淌河。

向西流的倒淌河

神出鬼没的河流

在我国贵州西部和南部存在一些神出鬼没的河流。当沿着河流往下走时,潺潺水声如美丽的音符出现在耳边。可是走着走着就会发现,令人心旷神怡的河流不见了。如果顺着河流的上游走,河道没有变窄,河水也没有消失,但是当随着河流走到山脚下时,这条河又消失了。有时甚至从平地上突然冒出一条河来,可是流了一段又突然消失。这些水是从哪里来的,又流向哪里了?让人更纳闷的是,地面上根本没有河,可你会听到隐隐约约的流水声,循声找去,才发现这流水声来自脚下。

这些神出鬼没的河流,真是自然的奇观啊。其实这些河流都是有头有尾、首尾相连的,只不过是某一段河流钻入地下,在地面上看不到罢了。

因为这里属于石灰岩地区,在地下隐藏有许多洞穴和孔道,有些岩洞彼此通连,延伸很长。如果河水在流动过程中碰到大的岩洞,就会钻入地下成为地下暗流;到地形合适的地方,它又会冒出地面。有的河流还不止一次的穿流于地上地下呢。

来自峭壁上的河流

在我国辽宁省的中部地区有一条名为太子河的河流。来自峭壁上的河流就注入了太子河中,是太子河的支流。

这条支流汇入太子河的地方,在本溪县城西面大约3000米处。只要站在远处就可以看见在太子河南岸的崖壁上,这条支流携着巨大的水流冲出一个山洞,落进太子河里。这条支流究竟是从何而来呢?

原来,在喷水洞口旁边有一个大石洞。洞口有10米高,30米宽。石洞里面还有2个洞。一个洞高7米左右,宽约10米,长1000多米,伸向东南。另外一个洞高30~50米,宽20~30米,长2000多米,向西延伸。

在向西延伸的山洞里,到处都是形态各异的钟乳石,水从洞顶直往下滴,洞底则是一条水流很大的地下河。注入太子河的水就是从这里流出

蜿蜒流淌的河流

去的。而这条地下河是我国北方最大的地下河，人们叫它谢家崴子水洞。由于洞口的底沿比地下河的水面高出了 3 米多，水流到这里很难冲出洞口。所以经过长年累月的侵蚀，地下河在岩石中钻出了一个小洞，流向了太子河。

神奇的双色河

尼罗河是世界上最长的河，也是一条颇为奇特的河流。因为尼罗河是一条流有两种颜色水的双色河。上游尼罗河河水一边呈黑绿色，另一边呈红褐色，界限分明，齐头并进地流向下游。产生尼罗河这种神奇现象的原因是什么呢？

原来，尼罗河有两条源头：白尼罗河与青尼罗河。它们在苏丹首都喀土穆汇合之后才叫尼罗河。这两股同一河道里的不同颜色的水流各有其源。红褐色的水流源于青尼罗河。因为青尼罗河流经埃塞俄比亚高原，河水中携带了大量的泥沙、矿物质，所以呈红褐色。黑绿色的水流来自白尼罗河。白尼罗河发源于热带草原地区的维多利亚湖，在进入苏丹境内的平原后，流经一片沼泽草原，因此河水中富含有机质，水色黑绿。

由于白尼罗河水量大，青尼罗河沿深山峡谷奔流而下水流急，它们在喀土穆汇合后，在上游水流的冲击下，两股河水各行其道地流向下游，因此就出现了"双色河"的奇景。但是水流速减慢，两股河水渐渐混在一起，双色奇景就消失了。

可以常年洗热水澡的河

在我国云南省腾冲县有一条可以常年洗热水澡的河，人们称之为澡塘河。其实，它并不是一条完整的河，只是大盈江的一段。

澡塘河的河面上，还有它附近的山谷间，水汽迷蒙，烟云缭绕，终年不绝。澡塘河的河水十分奇特。虽然河里的水奔流不息，更新不断，但是，

河水的温度总保持在 40℃ 左右,比人的体温稍高,正适合洗浴。这究竟是什么原因呢?

原来这是温泉把它"烧"热的。在澡塘河的河底、河边,分布有许多温泉。它们常年向河里提供大量的热水,使得澡塘河像一个天然大浴池。

澡塘河有 3 处有名的温泉。在河道的中心,有一个大滚锅沸泉。这里处于河心,从岸上看去就像沸腾的水锅,水面热气直冒,翻涌着股股热水,水温达 90℃。另外,狮子嘴喷泉位于河岸左侧的石壁上。它的泉口像一个狮子头,不时地喷出热水,像一股粗大的水绳抛落江面。还有河右岸的蛤蟆口喷泉,从一个像蛤蟆嘴的石缝里,每隔几秒钟就喷出一股热水热气,散落于河水中。令人不可思议的是,这里的泉水温竟高达 98℃。除了这些喷泉,河边还有很多的喷着热水热气的温泉。这些高温的泉水和从上游流来的冷水混合以后,就变成正好适于人们洗浴的温水了。

罗布泊之谜

罗布泊是楼兰古国文明的发源地,曾经是我国第二内陆河,位于新疆若羌县境东北部。在这里楼兰古人曾经建造过繁华的城市,它也是著名的丝绸之路的必经之地。然而这个曾经海拔 780 米,面积达到 2400～3000 平方千米的巨大湖泊,现在只是塔里木盆地最低和最大的洼地,因为罗布泊的湖水早在 1972 年干涸。

古罗布泊曾经是塔里木盆地的积水中心,古代发源于天山、昆仑山和阿尔金山流域,这些水曾源源不断地注入罗布泊洼地形成湖泊。历史上,罗布泊最大面积为 5350 平方千米。1942 年测量时湖水面积达 3000 平方千米。1962 年湖水减少到 660 平方千米。1972 年干涸前只有 450 平方千米。

根据湖水的这些变化,近代一些进入罗布泊地区的外国人把罗布泊说成是"游移湖"。认为它南北游移的周期是 1500 年,是湖底周期性沉积、抬升和风蚀降低的结果。这种游移说的争论曾经延续了 1 个世纪。

已经干涸的罗布泊

我国科学家近年实地考察,证实了罗布泊是塔里木盆地的最低点和集流区,湖水不会倒流。入湖泥沙很少(湖底沉积物 3600 年仅 1.5 厘米),干涸后变成坚固的盐壳,短期内湖底地形不会剧烈变化。通过对湖底沉积物年代的测定证明:罗布泊长期是塔里木盆地的汇水中心。这说明,游移说是不切实际的推断。但关于罗布泊仍然有很多疑问。

1972 年 7 月,美国宇航局发射的地球资源卫星拍摄罗布泊的照片上,罗布泊竟酷似人的一只耳朵,不但有耳轮、耳孔,甚至还有耳垂。这只"地球之耳"是如何形成的? 有观点认为,这主要是 20 世纪 50 年代后期来自天山南坡的洪水冲击而成。洪水流进湖盆时,穿经沙漠,挟裹着大量泥沙,冲击、溶蚀着原来的干湖盆,并按水流前进方向,形成水下突出的环状条带。正因为干涸湖床的微妙地貌变化,影响了局部组成成分的变化,这就势必影响干涸湖床的光谱特征,从而形成"大耳朵"。但也有人对此持不同观点,科学家们众说纷纭,争论不已,至今也没有得出一致的结论。

另外,在罗布泊中还发生了很多奇怪的事情。有人称罗布泊地区是亚洲大陆上的一块"魔鬼三角区",东晋高僧法显西行取经路过此地时,曾写到"沙河中多有恶鬼热风,遇者则死,无一全者……"而许多人竟渴死在距泉水不远的地方,不可思议的事时有发生。

1980年6月17日,著名科学家彭加木在罗布泊考察时失踪,国家出动了飞机、军队、警犬,花费了大量人力物力,进行地毯式搜索,却一无所获。

1990年,哈密有7人乘一辆客货小汽车去罗布泊找水晶矿,一去不返。2年后,人们在一陡坡下发现3具倒卧干尸。汽车距离死者30千米,其他人下落不明。

1996年6月,中国探险家余纯顺在罗布泊徒步孤身探险中失踪。当直升飞机发现他的尸体时,法医鉴定已死亡5天,原因是由于偏离原定轨迹15千米多,找不到水源,最终干渴而死。死后,人们发现他的头部朝着上海的方向。

种种怪异的事件让人们急切地想揭开罗布泊的神秘面纱,但是由于罗布泊深藏在沙漠深处,人们要想靠近它十分困难。而仅有的几次成功的现场考察,却在理论上产生了严重分歧。早在19世纪下半叶,就有学者来到罗布泊进行了考察。他见到的湖泊芦苇丛生、鸟类聚居,是一大片富有生机的淡水湖。可这个湖泊与中国地理记载的罗布泊有南北一个纬度的差别。所以有人认为他见到的可能根本不是罗布泊,真正的罗布泊早已经干涸。甚至有人据此提出了惊人的想法:由于汇入罗布泊的塔里木河携带大量泥沙,造成了河床的淤塞,填高了湖底,于是罗布泊便自行改道,游移到了别的地方,就是那个学者发现的湖泊。

变幻多姿的乍得湖

乍得湖是非洲第四大湖,属于内陆湖。湖区主要在乍得境内,西部则分别属于喀麦隆、尼日尔和尼日利亚。

乍得湖的面积每年都要发生两次较大的变化。每年 6 月的雨季到来时,湖面上升,湖水就会漫过湖岸,淹没了在尼日尔和尼日利亚两国境内的部分土地。此时,湖区的面积达到 25 平方千米。当 11 月旱季到来的时候,乍得湖的湖面就会慢慢减少,变成一个长方形的湖泊。此时,长度约 200 多千米,宽度约 70 千米,湖水面积约为 13 万多平方千米,大多在乍得境内。乍得湖海拔 283 米,湖水很浅,平均水深才 2 米左右,最深处也不过 12 米左右,湖边长满芦苇和纸莎草,犹如沼泽。

乍得湖炎热少雨,水源的 95% 来自沙里河。它是一个没有出口的湖泊,有人曾据此推断它是一个咸水湖。实际上,湖水的含盐度只有千分之零点几,比东非各大湖泊的含盐度都低,湖区的西部和南部全是淡水,只有东部和北部的湖水略带一点咸味。这真是出乎人们的意料,乍得湖夹在世界上最大的沙漠撒哈拉大沙漠和世界上奇热地带之一苏丹热带稀树干旱草原之间,但是这个内陆的湖水竟然是淡的,这不能不令人吃惊。在相当长的一段时间内,人们对这种现象迷惑不解。后来,随着科学技术的发展,揭开了其中的奥妙。原来,在乍得湖的东北部,有一个比它低得多的博得累盆地。盆地最低处海拔是 155 米,大量湖水通过地下路径源源不断地往盆地渗流过去,水中的大量矿物质,包括各种盐类,在流动过程中,经过沙层过滤,到达博得累盆地时已所剩无几了。

乍得湖发育在古老大陆上的一个盆地中。大约在 1 万多年以前,乍得湖湖区是一个很大的内海地区。据科学家考证,在过去的 5000～12000 年间乍得湖曾三度变化,最后一次发生在 5400 年前,当时乍得湖水深 160 多米,最大面积为 30 万～40 万平方千米,除了里海以外,没有湖泊再比它大。后来,地壳多次运动,内海慢慢地消失了,留下了今日的乍得湖。考古学家们还发现,在 3000 多年以前,乍得湖曾经与尼罗河连在一起,是尼罗河的河源之一。每年的雨季,湖水常常漫溢到尼日尔河的最大支流贝努埃河,直通大西洋。后来由于地壳变迁,出口河道泥沙淤塞,乍得湖与尼罗河、尼日尔河渐渐隔离,尼日尔河同尼罗河分道扬镳,各奔前程。在地质史上,乍得湖也经历过比现代还要干旱的时期,今天深入到湖里的沙丘岛弧,可以看到过去古乍得湖湖岸的遗址。

乍得湖水质优良,水浅,温度高,是一个丰富的天然渔场,湖区出产大量的泥鳅鱼、尼罗河鲈鱼、鲶鱼、河豚、虎形鱼等。美丽的乍得湖正在散发着它迷人的魅力。

死海会死吗

死海是以色列和约旦之间的内陆盐湖,是地球最低的水域,水面平均低于海平面约 400 米。死海长 80 千米,宽 18 千米,表面积约 1020 平方千米,平均深 300 米,最深处 415 米。湖东的利桑半岛将该湖划分为 2 个大小深浅不同的湖盆,北面的面积占 3/4,深 415 米,南面平均深度不到 3 米。死海无出口,进水主要靠约旦河,进水量大致与蒸发量相等,为世界上盐度最高的天然水体之一。

传说 2000 年前,罗马帝国的远征军来到了死海附近,击溃了这里的土著人,并抓获了一群俘虏,统帅命令士兵把俘虏们投进死海。奇怪的是,这些俘虏竟然没有沉下去,而是个个都浮在水面之上,统帅以为这是神灵在保佑他们,就把俘虏释放了。究其原因,就是因为死海的盐度很高,使得浮力大于重力,所以当有重物落入死海时,不沉而浮。

那么死海是如何形成的呢?死海的形成,是由于流入死海的河水,不断蒸发、矿物质大量下沉的自然条件造成的。那么,为什么会造成这种情况呢?其一是因为死海一带气温很高,夏季平均可达 34℃,最高达 51℃,冬季也有 14~17℃。气温越高,蒸发量就越大。其二,这里干燥少雨,年均降雨量只有 50 毫米,而蒸发是 140 毫米左右。晴天多,日照强,雨水少,补充的水量,微乎其微,死海变得越来越"稠",沉淀在湖底的矿物质越来越多,咸度越来越大。于是,经年累月,便形成了世界上最咸的咸水湖——死海。

死海一直被认为是除了个别的微生物外,水生植物和鱼类等生物都不能生存的湖泊。因为死海的盐度很高,当洪水流来临,约旦河及其他溪流中的鱼虾被冲入死海,由于水中严重地缺氧,这些鱼虾必死无疑。但是死海真的就没有生物存在了吗?美国和以色列的科学家,通过研究揭开了这个谜底:在这种最咸的水中,有几种细菌和一种海藻生存其间。原来,死海中有一种叫做"盒状嗜盐细菌"的微生物,具备防止盐侵害的独特蛋白质。

不少人认为死海的浮力大,人沉不下去,因此可以随心所欲地戏水。其实并不是这样的。由于海水盐度太高,所以即使是少量的水花溅进眼睛里,也会难受得要命。另外,大部分死海海滩都是颗粒较大的鹅卵石沙滩,在死海沙滩上赤脚走路每走一步都感到脚底疼痛难忍。

死海的未来也是人们所关心的一个问题。1947年,死海长达80千米,宽16~18千米,到目前为止,长不过55千米,宽14~16千米。死海面积已从1947年(即在以色列建国前)的1031平方千米下降到683平方千米,这就是说,在50年期间,死海面积减少了近30%,因此,科学家预计死海最终将在100年内逐渐干涸。死海渐渐死亡的原因有三:一个是从20世纪60年代中期以来,以色列截流或分流哺育死海的约旦河及贾卢德河、法里阿河、奥贾河、扎尔卡河和耶尔穆克河的河水,致使流入死海的河流水量剧减,造成了死海面积的减少。另一个是由于日光照射使湖水温度升高,从而导致湖水蒸发量加大,特别是在夏季,死海湖水的蒸发量也是世界最大的。三是死海缓慢死亡的原因还归咎于沿岸国对死海东西岸诸如钾、锰、氯化钠等自然资源的过量开采。以色列食盐的开采量比约旦多4倍。目前,死海的南湖已完全消失,只剩下北湖了。死海需要人们的共同维护。

时隐时现的湖

在北非摩洛哥科萨培卡沙漠的东部高地上,有一个时隐时现的"鬼"湖。它是一个水深达数百米的大湖,但是到了天明,不仅湖水消失,还变成了100多米高的大沙丘。而过了一些时间,它又变成了湖水清澈见底

的湖泊。这个"鬼"湖有时在白天也出现,而且连续十几天都不会消失。一群欧洲探险家想弄清真情,来到"鬼"湖旁边驻营,结果差点丢了性命。原来到深夜时,湖水突然从沙土里冒出来,来势异常汹涌,幸好他们及时逃离才幸免于难。但是当他们第二天到达那里时,却发现湖水又不见了,仍是一片沙地。

"鬼湖"这种时隐时现的奇特现象是怎样产生的呢?科学家经过研究,认为那里的地下可能有一条巨大的伏流,地层又不稳定,当地层发生变动时,地下大河河水便涌溢上来,成为湖泊。又由于那里地处撒哈拉沙漠边沿,强大的沙暴一起,很快就将湖泊填塞了。

澳大利亚的乔治湖也有这种现象。当它有水时,湖里成群的野鸭、天鹅、塘鹅嬉戏;当它消失时,这里又成了长满青草的牧场。从1820年至今,它已经消失和出现过5次了。究其原因,尚无定论。

色彩迷人的湖

在美丽的九寨沟,有许多大小不同,颜色各异的湖泊。这些湖泊被人们称为海子。它们有的湖水清澈,碧澄如镜,有的看上去五彩缤纷,绚丽迷人。人们还给这些海子起了十分悦耳的名字:五彩湖、五花湖等。其实,这些湖泊的颜色并不是水本身的颜色。而是因为在这些湖底生长着各种颜色的沉积物和水藻。因为湖水清澈见底,湖底的色彩清晰的折射了出来,所以看上去湖水就呈现出黄、橙、蓝、绿、灰等颜色,看上去十分美丽。

此外,这些五彩湖的湖面上也是异彩纷呈。湖中漂浮着小花青草组成的绿色"小岛",显示着与众不同的颜色。小岛是过去倒在湖中的一些粗大的树干形成的。由于天长日久,枯木上落下了层层树叶、灰尘,上面又长出了青草、幼树,这些枯树变成了湖中美丽的一景。

被魔窟吞没的湖

佩尼亚湖位于美国的路易斯安那州,面积仅为 13 平方千米。这个湖曾经水虽然不深,但是湖中的鱼虾却很多,在湖面上还有钻探石油的井架,船只往来穿梭,钻机轰鸣作响。

直到 1980 年厄运却降临了。这一年初冬的一天,佩尼亚湖东南部的湖面上,突然出现了一个漩涡。漩涡越来越大,中心出现了一个魔窟般的深洞。湖水从四面八方向深洞灌去。湖面上的船只被裹了进去;漩涡附近的石油井架也被吸进了深洞;就连岸上的房屋、菜园,也被水冲进了无底洞。1 个小时后,佩尼亚湖就不见了,只留下一片淤泥裸露的洼地和一个深不见底的深洞。

原来,佩尼亚湖湖底下方 400 米深处,有很多废弃的开采岩盐矿的坑道。这地下深处的坑道和地面上的湖泊本来互不相干,不幸的是,钻探石油的钻机却把坑道顶给打穿了,酿成了悲剧。

"双胞胎"湖

"双胞胎"湖又称双子湖。大多数双子湖的水都来源于同一条河流。双子湖是在干旱地区才能看到的一种特殊湖泊。我国的柴达木盆地就有许多双子湖。两个湖相距比较近,湖的名字也基本相同,只是在湖名的前面加上表示大小、方位的字以示区别。例如,西台吉乃尔湖和东台吉乃尔湖,它们是由台吉乃尔河生出的一对双胞胎。柴达木盆地里的另一条河塔塔棱河,它的河水向西注入大柴达木湖,向东流入小柴达木湖,这大、小柴达木湖就是塔塔棱河的双子湖。

也有的双子湖是由一个湖分生出来的。如柴达木盆地中的苏干湖和布伦银湖,南霍鲁逊湖和北霍鲁逊湖,就是这类双子湖。这种双子湖产生的原因是因为气候变干,有些湖泊变得干涸缩小,在水深的地方留有部分水面,其他地方的湖底则变成了陆地。如果剩下两处有水的小湖,那么就形成了双子湖。它们之间的联系也十分密切。如南霍鲁逊湖和北霍鲁逊湖,它们由霍鲁逊河连通着;而苏干湖和布伦银湖,每当在洪水期到来,水量变大时,就成了一个大湖。

镜泊湖

镜泊湖位于我国黑龙江省境内的牡丹江上游,风景秀丽。湖面随山势穿行于山陵之间。湖中有众多花草繁茂的小岛,湖波山色交相辉映,景色十分迷人。镜泊湖的北端,有一道高 20 米、长约 40 米的石坝,湖水从坝顶飞流而下,注入下方深数十米的水潭中,浪花飞溅,水声轰鸣,这就是吊水楼瀑布。

镜泊湖与人工建造的湖泊不同。人们可以在江河的适当地段筑坝拦水,蓄积成湖。我国这样的人造湖有新安江水库(千岛湖)、密云水库、刘家峡水库等。虽然镜泊湖也是由石坝拦蓄江水形成的,但它并不是人造湖。因为那道石坝是由火山堆砌的,而不是人工建造的。

原来这一带火山运动比较活跃。大约在 1 万年前,这里曾火山爆发,熔岩沿着山谷流进牡丹江。熔岩越积越多,冷却后形成了一道石头大坝,江水被它截断。石坝上游的江水被挡在峡谷里,形成了湖泊。当湖里的水高出坝顶时,就漫顶而出,形成了吊水楼瀑布。像这样因河道被火山熔岩堵塞形成的湖泊,叫火山堰塞湖。镜泊湖是我国最大的火山堰塞湖。

生产沥青的湖

沥青是石油的副产品,它是由石油提炼出汽油、柴油等产品后留下来的残渣,又黑又黏,俗称柏油,可用于铺就公路。它又怎么会在大自然中存在呢?

加勒比海中的特立尼达岛,有一个生产沥青的湖泊,而且含量很大。

人们称它为黑湖。黑湖满湖都是黏糊糊的黑泥似的东西,气味难闻。有人拿着黑泥去化验,才知道这个东西就是沥青。于是,人们就开始采挖了。受于种种条件的限制,开采量并不大,平均每天采掘出 40 吨左右。所以,虽然已经开采了 100 多年,湖面才降低了几米。按目前的采掘速度计算,湖里的沥青至少还可以供人类开采 500 年。

这些沥青究竟是怎么来的呢?原来,黑湖里这么多的沥青是从湖底钻出来的!湖下的地层中埋藏着石油,由于油层比较浅,再加上油层上方的岩层裂隙正通湖底,石油就沿着岩石裂隙涌入了湖盆,积存在湖里。随着石油中的挥发性物质逐渐散逸,就留下了这沥青残渣。

奇特的阴阳湖

在我国新疆南部有一个奇特的阴阳湖,面积约 260 平方千米,南北宽 8 千米左右,东西长约 37 千米,湖水深 2～10 米。

阴阳湖有什么奇特之处呢?湖的外形就是一奇。阴阳湖中有一条天然形成的沙石堤坝,它将湖面分割为东西两部分。西部水面占了全湖的 4/5 还多,东部占不到 1/5。沙石堤中部有一段 20 米左右的缺口,使东西两面的湖水连为一体。湖的外形看起来就像一头巨大的鲸,堤东部如鲸头,西部为鲸的身躯和尾部,人们又叫它鲸鱼湖。

阴阳湖的另一奇就是生死分明。沙石堤两侧水体相连,但景象却大不相同。堤东的湖水里生活着大量浮游生物以及钓虾、摇蚊幼虫等,湖滨和湖面上栖息与飞翔着棕头鸥、赤麻鸭等禽鸟,生机勃勃。而沙石堤西部的湖水中却没有任何生物,湖面上也没有飞翔的禽鸟,宛若是死神所居住的地方。

为什么会有这种生死分明的景象呢?原来,湖里的水源是东部的玉浪河。湖的东部有淡水补给,适于生物生存,所以会生机盎然。而湖的西部,仅靠沙石堤中部那 20 米宽的缺口与东部相通。由于缺口处水很浅,水体交换十分的困难,使得西部的湖水几乎变成了一潭死水。再加上常

年的蒸发,湖水含盐量很高,生物无法生存,就成了没有生命的死湖。

湖面当路面的湖

在我国青海省的柴达木盆地有一个奇异的湖,叫察尔汗盐湖。在湖面上你可以看到有飞驰而过的车影,既有汽车,也有火车。

青藏公路有 31 千米的路段是修在察尔汗盐湖上的,而青藏铁路的 32 千米钢轨也架设在察尔汗盐湖上。原来湖面并没有水,是一层厚厚的盐盖。路就修在这层盐盖上。

这厚厚的盐盖是怎么形成的呢?察尔汗盐湖曾经是一个大湖,因为气候变得越来越干燥,湖面逐渐缩小,湖水含盐量增高,成了盐湖。原来的湖区大部分成了干盐滩;残留的一些小湖,湖面上也结了一层厚厚的盐盖,和冬天湖面结的冰一样,只是这层盐盖是不会融化的。

当把湖面的十几厘米厚的冰盖砸开时,就可以看到湖里面的水,湖水又咸又苦。如果将一根棍子在水中搅动几下再拿出来,你就会看到木棍上出现一层盐。

有人会问,湖面上行驶汽车和拖挂几十节车厢的火车,盐盖会不会破裂?不会,这层厚度在 30～50 厘米的盐盖,每平方厘米面积上可以承受 16 千克的重压,汽车和火车可以在盐盖上安全地行驶。如果盐盖上的公路路面损坏了,修补起来也简便,在路边的盐盖上打个洞,取出湖水浇在破损的地方就可以了,水干后凝结出来的盐会把坑洼处补平整。

三色湖

印度尼西亚被誉为"赤道上的一串翡翠",三色湖就位于印度尼西亚努沙登加拉群岛的佛罗勒斯岛上的克利穆图火山山巅,距英德市 60 千米。按水面颜色,三色湖分左湖、右湖、后湖 3 个部分:左湖湖水艳红,右湖湖水碧绿,后湖湖水淡青。三色湖是由 3 个火山湖组成的,它们彼此相邻,湖水艳红的左湖是最大的一个,直径约 400 米,水深达 60 米。其他两湖的宽度也都在 200 米左右。据 1982 年出版的《印尼大百科全书》记载,三色湖是由于很久以前克利穆图火山爆发而形成的。这 3 个火山湖里的湖水,是因为含有不同的矿物质而颜色各异。呈艳红色的湖水中含有大量的铁矿物质,呈碧绿和淡青色的湖水中含有丰富的硫磺。到了中午的时候,三色湖湖面上常常笼罩着白茫茫的云雾,非常的美丽。可是到了下午,湖面就经常乌云密布,遮住了阳光,劲风把湖里的硫磺气味吹起,令人不寒而栗。

三色湖群山环抱,重峦叠置。站在山巅远眺,小河、密林、湖水尽收眼底。三色湖中水生植物繁茂。在三色湖流传着这样一个传说:很久以前在克利穆图火山脚下,有一对青年恋人发誓要结成夫妻,但遭到双方父母的反对。他们来到充满神秘色彩的三色湖畔,投入到呈艳红色的湖水中,双双身亡。因此,现在当地居民每逢佳节都将丰盛的祭品投到湖里,祈求天神保佑那对青年恋人。

东咸西淡的湖

巴尔喀什湖地处哈萨克斯坦共和国的东部。它因湖水一半为咸一半是淡而成为闻名于世的湖泊。巴尔喀什湖是一东西长南北窄的狭长形湖泊。湖泊中部有一半岛,半岛以北的湖峡(宽约 3.5 千米),把湖面分成了东西两部分。西半部广而浅,宽 27～74 千米,水深不超过 11 米,有伊犁河、卡拉塔尔河、阿克苏河、阿亚克兹河等河注入,湖水淡而清。东半部窄且深,宽 10～20 千米,水深 25 米,盐度较高。两湖之间有一狭窄的水道相连。

为什么巴尔喀什湖东咸西淡呢? 巴尔喀什湖地处中亚腹地,气候极度干燥,蒸发旺盛,本应形成内陆咸水湖泊。但是由于特殊的地理条件,造成了该湖东咸西淡的特色。其一,发源于天山山脉的伊犁河自东向西注入巴尔喀什湖的西半部,提供了该湖 75％～80％ 的入水量,加之其他

较大河流的注入,使得西半部湖水,平均含盐量仅为 1.48‰。而湖泊的东半部却没有大河注入,仅有数条小河注入,其蒸发量大大超过河水补给的数量,平均含盐量高达 10.4‰。这就是造成了巴尔喀什湖东咸西淡的根本原因。其二,巴尔喀什湖是一个东西狭长的湖泊。东西长约 600 千米,南北最窄处只有十几千米。这就影响了湖水水体的交换,东部的咸水和西部的淡水间无法进行较通畅的流动。这是巴尔喀什湖水东西两半部不同的又一个原因。

甜湖

在俄罗斯的乌拉尔地方,有一个甜湖,湖水含有甜味。更奇妙的是,甜湖的水又有些像肥皂水,能洗去衣服上的油污。原来,这个湖的水是碱性的,含有苏打和食盐,而苏打是略带甜味的。由于这两种化合物按一定的比例融合在一起,致使湖水具有上述特性。

沸湖

在美洲加勒比海的多米尼加岛上,有一个长 90 米、宽 60 米的湖泊。整个湖面热气腾腾,就像一锅煮开的水。湖水满时,从湖底喷出的蒸汽水柱竟能高出水面 2 米多。

沸湖是由一眼间歇泉形成的。在湖底有一个圆形喷孔,当喷泉停歇时期,湖水因缺乏水量补给而干枯。然而一旦喷发,则地动山摇、群山轰鸣,热流从湖底涌出,湖面烟雾缭绕,热气腾腾,有时还会形成高达二三米的水柱,冲天而起十分壮观,"沸湖"也由此得名。

沸湖的热水又是从哪里来的呢?原来,沸湖坐落在一个古火山口上,在地球深处的带有大量矿物质和含硫气体的炽热熔岩水,在上升时遇到古火山口通道,就会猛烈地向地表喷出,从而形成了这个大自然的奇观。

由于沸湖周围地区长期受到有害气体的影响,动植物的生长繁殖受到很大的影响,大片的植被被毁,所以这里又被称为"荒谷"。

奇妙的"火湖"

在拉丁美洲西印度群岛的巴哈马岛上,有一个奇特的"火湖",湖水闪闪发光,就像燃烧时冒出"火焰"一样。夜间船只在湖上行驶,船浆会激起万点"火光",船周围也会飞起耀眼的"火花"。有时,鱼儿跃出水面,也带着"火星"。其实,这些"火光"和"火花"都不是火,而是湖中大量繁殖的一种海洋生物"甲藻"。甲藻所含的荧光酵素,在水中受捣动时,就会发生氧化作用而产生五光十色的"火光"。

岩浆湖

在南极大陆的埃里伯斯火山口内,有一个岩浆聚集生成的湖泊,滚烫的湖面上冒着蒸气,和四周冰天雪地的景观截然不同。当然,在这样的湖泊里没有任何生命的存在。然而它的确也是湖,它具有湖盆和流动的"湖水",完全符合湖泊的定义,科学家称之为岩浆湖。

那么,它的"湖水"是从哪里来的呢?

原来在湖底连通着火山通道,源源不断的地下岩浆补充了液态岩浆的来源。它的"湖水"是来自深深的地下的岩浆。在火山活动强烈时地下岩浆的大量溢出可以使湖面上升,反之,湖面就会下降。岩浆湖的寿命很短,当火山喷发进入静止期时湖内的岩浆就会逐渐冷凝,岩浆湖就不复存在了。因此有人说:"它是昙花一现的'火湖'。"

有活火山活动的地方,往往可以生成岩浆湖,如夏威夷岛的基拉威厄火山口就是一个熊熊燃烧的岩浆湖。

玛瑙湖

玛瑙湖位于巴音戈壁苏木西北部沙漠中,面积约为 6 平方千米,是干涸的湖床。湖内的玛瑙石裸露于地表,有浅红色的,也有浅黄色的,遍布于湖底。大者如拳,小者似豆,在阳光的照射下晶莹透亮,光彩夺目。更令人叹为观止的是,每当晚霞初降,在几十千米外便可看到玛瑙湖中的玛瑙将斜阳的光束染红,并折射上天空。如果正巧有白云从蓝天经过,玛瑙的折光便将白云变成五色,令人魂飞神往。

相传很久以前,这片戈壁滩是一个清澈透底的大湖。湖中碧波荡漾,天水共一色。天上的仙女被这美丽的湖吸引了。纷纷飘入湖中洗浴。她们在水中嬉戏,欢乐无比,竟忘了回天庭。忽闻天鼓震响,仙女们匆匆离去,慌忙中丢下了许多珠宝,变成了现在的玛瑙碧玉。

美丽的神话故事为玛瑙湖增添了神秘色彩。经过科学家分析,此地的玄武岩是 1 亿多年前火山喷发的产物。由于火山气体迅速散逸,岩石中留下许多气孔和空洞。饱含二氧化硅的火山热液无孔不入,填满了这些气孔和空洞。经长期演化,形成了玛瑙和碧玉。强烈的风化剥蚀作用,

玛瑙湖

使玛瑙和碧玉从玄武石中解脱出来,散落在荒漠上。狂风暴雨又将它们带入湖中。由于连年干旱,湖水干涸,露出铺满玛瑙碧玉的湖底,于是便有了这奇特罕见的自然景观——玛瑙湖。这正如一位著名的学者所言:"星移斗转,谷裂峰崩;沧海横流,奇峰耸峙。云蒸气润,化形胜之山川;火炼水吞,滋妙明之造相。夫奇石者,乃宇宙孕育之物也。"

自从玛瑙湖被发现以来,就有人用微薄的价格,将成千上万吨的玛瑙石拉走了。等到当地人和政府认识到后,为时已晚,昔日的五光十色的玛瑙湖已变成一片黄沙。而地质演变过程表明:玛瑙湖的形成要经历数亿年。

现在,当地政府已经出巨资用铁丝网把玛瑙湖围了起来,由数十名当地牧民严加看管,林业公安不定期地检查,严禁外人涉足。然而,玛瑙湖早已不复从前的风光。

中国第一大淡水湖

历来,人们对哪一个湖是中国的第一大湖都有争议。洞庭湖和鄱阳湖曾经先后交替成为我国第一大淡水湖。洞庭湖和鄱阳湖都位于长江中游的南岸。两大湖区山川河流走向一致,均是北向一口流入长江,均是调蓄长江洪水的主要湖泊,均有"鱼米之乡"的美誉。

洞庭湖北有松滋、太平、藕池、调弦4口(1958年堵塞调弦口)引江水来汇,南面和西面有湘江、资水、沅江、澧水注入,湖水经城陵矶排入长江。洞庭湖东西直线距离243千米,南北直线距离183千米,平原水网地区海拔(吴淞基面)为25~30米,纯湖区总面积18780平方千米,其中湖南15200平方千米、湖北3580平方千米。洞庭湖曾经是我国的第一大淡水湖,1825年的面积约为6300平方千米,湖盆容积约400亿立方米。由于洞庭湖承担着长江和湘、资、沅、澧超额洪水的调蓄任务,多年平均入湖径流量均为3011亿立方米,是鄱阳湖的3倍、太湖的10倍,汛期来水平均2240亿立方米,长江来水占洞庭湖入湖水量的75%。同时,也有大量的

中国第一大淡水湖——鄱阳湖

泥沙被带入洞庭湖中,其中来自长江的泥沙占入湖泥沙量的 80％,每年泥沙入湖量达 0.8 亿～1 亿立方米,以 3 倍于鄱阳湖、7 倍于太湖的速度淤积,使湖面年均淤高 3.5 厘米。大量泥沙的淤积的使得洞庭湖面积不断减小。加上人们在洞庭湖变围垦开发,湖泊面积和容积不断缩小,如今,洞庭湖已经退居到鄱阳湖之后成为我国的第二大淡水湖。1949 年洞庭湖面积减为 4350 平方公里,容积减为 293 亿立方米;1978 年湖面积减为 2691 平方千米,容积减为 167 亿立方米;1995 年湖面积又减为 2625 平方千米,昔日号称"八百里"洞庭现在已经被分割成了西洞庭、南洞庭和东洞庭 3 个由洪道相连的湖泊。

鄱阳湖古称彭蠡泽、彭泽或彭湖,位于江西省北部。汇集赣江、修水、鄱江、信江、抚江等水经湖口注入长江。湖盆由地壳陷落、不断淤积而成。形似葫芦,南北长 110 千米,东西宽 50～70 千米,北部狭窄仅 5～15 千米。在平水位(14～15 米)时湖水面积为 3,050 平方千米,高水位(21 米)

时为 3,583 平方千米。但低水位(12 米)时仅 500 平方千米,水位高低变化之大,在全国大小湖泊中确属罕见,呈现出"枯水一线,洪水一片"的独特景观,东西最大宽度 74 千米,枯水时湖面不足 1000 平方千米。鄱阳湖在 1954 年最大来水量 2300 亿立方米。当湖口水位 21 米时,湖面积为 5040 平方千米,湖盆容积 317 亿立方米;到 1976 年,湖面积缩小为 3841 平方千米,相应容积为 260 亿立方米。

虽然大多数人认同鄱阳湖现在是我国第一大淡水湖,但也有人认为随着地球的运动,洞庭湖有可能还会变成中国的第一大淡水湖。但这种变化是漫长的,也是难以预测的。

蛋卷湖

"蛋卷湖"即博苏姆推湖,位于非洲加纳库马西的东南大约 30 千米处。博苏姆推湖呈圆锥形状,湖面直径有 7000 米,湖的中心却只有 70 多米深,它的四壁向中心陡下,似是人用圆锥打造而成,看上去很像鸡蛋卷,故名"蛋卷湖"。

是谁精心打造了这个圆锥湖呢?自然还是人类?

对于这个世界罕见的圆锥形湖泊的形成原因,比较认可的说法是这个锥形湖是陨石落在地球爆炸所致。人们认为大约在 130 万年前,一颗陨星在这里与地球相撞,在地面上留下一个直径为 10.5 千米的洞。后来陨石坑逐渐充满水,形成现在的博苏姆推湖。但是地质学家通过对博苏姆推湖附近地区的调查,并没有发现这一地区有陨石爆炸的任何迹象,也就是说博苏姆推湖不是陨石爆炸所致。

也有人认为博苏姆推湖是由于火山喷发留下的一个火山口湖。但是科学家没有发现这一地区在地质史上有过火山活动的记录。地质学者对该地区调查的结果更表明,这里在历史上并没有火山活动过的痕迹。显然,这也不是一种正确的看法。

另有人推测认为博苏姆推湖是人工开挖的。但是在直径达 7000 米的大圆上挖掘而看不出凸边或凹边,几乎是不可能的。而且,挖掘出几亿立方米土石方造湖又是出于何种目的呢?对此没有人能做出满意的回答。最后,人们想是不是外星人为降落到地球上来的飞船,精心地构筑了这个识别标志呢?但同样没有依据可言。

当然,博苏姆推湖也可能是一种地质活动后的结果,很多湖泊的形成都是周围的陆地上升,湖底却下沉的结果。因此,"蛋卷湖"也许就是大陆在活动时不经意造就出来的湖泊。毕竟,自然给了我们太多它鬼斧神工的神奇杰作。

神奇的的的喀喀湖

在南美洲安第斯山脉有一个横跨玻利维亚和秘鲁两国的高山湖泊,海拔 3812 米,这就是世界海拔最高的通航淡水湖——的的喀喀湖。

传说太阳神在的的喀喀湖的太阳岛上创造了一男一女,后来子孙繁衍,形成印加民族。因为湖区周围的山中蕴藏着丰富的金矿,印第安人就用黄金制成各种各样的装饰品随身佩戴,且把它取名为丘基亚博(即"聚宝盆"的意思)。有一天,太阳神的儿子独自外出游玩,不幸被山神豢养的豹子吃掉了。太阳神悲痛欲绝,泪流满湖。印第安人同情太阳神,痛恨豹子,纷纷上山猎豹,杀了豹子。后来人们又在太阳岛修建了太阳神庙,把一块大石头象征豹子,放在太阳神神庙里,代替祭祀的牲畜,留给世世代代使用,所以这块大石头就叫"石豹"。"石豹"在印第安语中就是"的的喀喀"。所以湖名就由"丘基亚博"逐渐变为"的的喀喀"了。

一般内陆湖都是咸水湖,但是的的喀喀湖却是淡水湖,湖水清澈甘美,可以饮用。

原来,的的喀喀湖附近安第斯山上大量的高山冰雪融水,不断地流入湖内。湖水又通过德萨瓜德罗河向东南方向奔流,进入波波湖,湖内大量的盐分也随之排入波波湖内。

的的喀喀湖是拉丁美洲著名的旅游胜地。泛舟湖上,可以看到许多

"浮岛"在湖中飘来飘去,上面住着几户人家,这些"浮岛"并不是陆地,而是用香蒲草捆扎而成的。的的喀喀喀湖哺育着世世代代的印第安人。使的的喀喀湖成为古代光辉灿烂的印加文化的摇篮。著名的蒂亚瓦纳科(古印加帝国一支印第安部族的首都)就建在的的喀喀湖畔。蒂亚瓦纳科之名在古印第安语中意为"创世中心",古代的的印第安人就在这一代发展了灿烂的蒂亚瓦纳科文化,在建筑、雕刻、绘画、几何学、天文学等方面达到了很高的水平。在蒂亚瓦纳科遗迹中,尤其以太阳门闻名于世。它是用巨石雕琢而成,宽 3.84 米,高 2.73 米,厚 0.5 米。门上饰有花纹,最下一排刻有"金星历",中央为太阳神像,左右有 3 行 8 列鸟人。每年 9 月 22 日(南半球春分日)时,正午阳光直穿太阳门,说明当时的蒂亚瓦纳科人已经掌握了高深的天文学知识。

1949 年,几位前苏联学者成功地破译了太阳门上的部分象形文字,发现了这是天文历;但它不是一年 365 天,而是 290 天,即一年 12 个月中,10 个月 24 天,2 个月 25 天。又有人根据这里的另一处象形文字,发现记载了大量天文知识,记录了 2.7 万年前的天象,其中有地球捕获到卫星的天象,而当初卫星的"一年"是 288 天,后来,卫星崩溃成了月球。这样,就得出结论:太阳门的天文历是观察地球卫星的记录。

在那技术不发达的远古时代,在当地不产巨石的情况下,他们是用什么方法运来如此沉重的巨石,又是如何雕刻加工这些巨石的呢?为什么他们的天文学水平如此之高?这都是不解的谜团。

抚仙湖的"界鱼石"

抚仙湖位于玉溪市澄江、江川、华宁三县间,距昆明 60 多千米。抚仙湖是一个南北向的断层溶蚀湖泊,形如倒置葫芦状,两端大、中间小,北部宽而深,南部窄而浅,中呈喉扼形。湖面海拔高度为 1721 米,湖面积 216.6 平方千米,湖容积为 206.18 亿立方米,仅次于滇池和洱海,为云南省第三大湖。因离澄江县近,又叫澄江海。

抚仙湖的"界鱼石"

　　抚仙湖的西南面山间有一条长1000多米的海门河,隔山和江川县的星云湖相通。星云湖水面比抚仙湖高3米,湖水通过海门河流入抚仙湖。抚仙湖盛产抗浪鱼,星云湖独多大头鱼。奇怪的是,抗浪鱼从不游到星云湖,最多游到海门河中部就返回。而星云湖的鱼王——大头鱼也仅游到此,那里好像有一条国界线,谁也不能越雷池一步,因此海门河又有隔河之称。在隔河中段有一堵伸到水面的赭色石壁,石壁上自古就刻有"界鱼石"三字,旁边还镌刻一首诗:"星云日向抚仙流,独禁鱼虾不共游;岂是长江限天堑,居然尺水割鸿沟。"

　　为何这两种鱼互不往来呢?科学家经过考察发现,原来两湖的自然环境大不相同。抚仙湖平均水深87米,最深151米,是云贵高原最深的湖泊,也是我国仅次于长白山天池的第二大深湖。周围群山环抱,湖底起伏不平,到处是岩石暗礁。湖区常刮大风,水深浪大;所以湖中各种水草,浮游动物以及底栖生物如蚌、虾等很少,湖水极清,是个"缺吃少穿"的贫营养性湖泊。就在这种恶劣条件下,演化出与之环境相适应的抗浪鱼。它体细如银梭,行动敏捷,常把鱼卵产在岩壁和石缝间。鱼卵又是半黏性的,可以牢固地附在石壁上,任凭风浪狂起,也照常可以孵化。

星云湖则恰恰相反,是个浅水湖泊,平均水深 9 米,最大水深 12 米。周围多农田,湖底平缓多泥,有机物质淤积较厚。湖内水草繁茂,浮游生物和底栖生物也较丰富,属富营养性湖泊。在这种优越的环境下,生成了头大油多、喜欢过"优裕"生活的大头鱼。大头鱼的鱼卵是黏性的,易附着在水草上适于在水温高、鱼饵丰富的湖水中生长,对水深浪大、水草稀少的抚仙湖当然敬而远之。而抗浪鱼也不喜欢水浅浪平,泥草混浊的星云湖,所以,这两湖的鱼老死也不相往来。

鄱阳湖的魔鬼水域

鄱阳湖南北长 173 千米,平均宽 16.9 千米,湖岸线长 1200 千米,湖身面积 3583 平方千米,是我国最大的淡水湖泊。它承纳赣江、抚河、信江、饶河、修河五大河,最后注入长江。每年流入长江的水量超过黄河、淮河和海河三河的总水量。

中国的鄱阳湖有一处"魔鬼区域"。它的中心就是在都昌县老爷庙。据统计,从 20 世纪 60 年代初至 80 年代末,已有 200 多艘船只在这一带沉没,1600 多人遇难,有幸生还者也已被吓疯、吓傻,根本说不清当时发生的情况。

1945 年,江南《民国日报》曾刊登一篇题为《鄱阳湖魔鬼发怒,日巨轮阴沟覆舟》的消息称:日军满载军需贵重物品的"神户 5 号"运输船于 4 月 16 日途经都昌县老爷庙以东的魔鬼区域,起航时蓝天白云,到这时却突然狂风骇浪,阴气森森,"神户 5 号"消失在黑雾中,无一人生还……

抗战胜利后,国民党政府邀请拥有先进打捞设备的美国有关方面,在

鄱阳湖

沉船区域打捞"神户5号"。可是,他们用了1个多月,耗资数万,却一无所获。对于打捞经过,所有的参与者也都沉默不语。

据当地史料记载和民间传说,2000年前,老爷庙所在的落星山和对面的星子县,有一颗巨大的流星坠毁于这一带,落昆山和星子县也因此命名。

在落星山和老爷庙一带,除了奇怪的沉船事件外,还经常出现各种神秘的现象:

1970年初夏,有人在这里发现了"湖怪"。目击者对这个"湖怪"的描述不一,有的说像大扫帚,有的说像迅速膨胀的白蘑菇,有的说像张开的大降落伞,浑身还长满了眼睛……

1980年的一个雨后黄昏,老爷庙水域上空,突然出现了一块迅速旋转的很大很圆的发光体,绕着老爷庙轻飘。当地人们以为是菩萨显灵了,都到老爷庙去烧香磕头。

就在这一年,江西省派出一支由自然、气象、地质专家和有关科研人员组成的考察队前来考察。考察队通过数据调查发现,老爷庙水域内的沉船事故多发生于每年的三四月份,这两个月份中无论白天还是黑夜,过往船只随时都可能被恶浪吞没。奇怪的是出事当天,天气都非常好,从未在阴雨天发生过沉船事件。

另外,老爷庙水域内发生的沉船事件,都是在没有一点迹象的情况下,由突然出现的狂涛巨浪所致。风浪持续时间很短,从黑雾弥漫、巨浪覆舟到湖面恢复平静,仅仅几分钟。恶浪来时,伴有风雨、怪叫和船体的碎裂声,四周黑气沉沉,什么也看不见。

考察队还发现,老爷庙正处于落星山的东西线的上下正中,三角形庙宇的 3 个直角和平面锥度相等,分毫不差,有着很强的立体感。不管你从湖上的哪个方向望去,都始终觉得与老爷庙面对面。

老爷庙建于 1000 多年前,附近的水域一般深 30 多米,最深处为 40 米左右。湖底除了大大小小的鱼蚌外,没有一点沉船的残骸。

千百年来在这里沉没的大小船只,都到哪里去了?

海军某部在搜索过程中,有一个潜水员在水下失踪了。其他潜水员下湖搜寻了几遍,也不见其踪影。谁知有人带来消息说:当地乡民在距老爷庙 15 千米的昌芭山湖发现了一名潜水员的尸体。考察队急忙赶去,发现正是那位潜水员,他平躺在绿色的草丛中,面色安详而平静。他的死,又为这个魔鬼区域添了一层神秘的面纱。

老爷庙背后的昌芭山湖,自古是个死湖,没有任何出口,面积约 20 平方千米,四周环抱着峡谷和丘陵,并且地势要比鄱阳湖高出 12 米。经潜水员多次下湖探测,并没有发现两个湖底有暗流相通。

1989 年,"联合国科学考察委员会"在老爷庙湖畔山坡上竖起了"联合国科学考察区"的铜牌,正式把鄱阳湖列为国际科学考察区。随着世界之谜一个个的解开,随着高科技探测器的出现,人们总有一天会明白鄱阳湖为什么会发怒,并有可能找到失踪的人的尸骨和船上的货物。

老实的间歇泉

美国黄石国家公园建立于 1872 年,公园中分布着森林、湖泊、峭壁、峡谷、瀑布、喷泉等,是世界上最大的自然保护区之一。黄石公园是世界上间歇泉、温泉和热水池最为集中的地方。公园中有数千处喷泉,其中间歇喷泉有 300 处,占全世界间歇喷泉总数的 1/2 以上。

在众多的喷泉中,老实泉最为出名,因为它总是有规律的喷发。它喷射时,会产生一个几米粗的水柱,同时发出嘶嘶的响声,把大量热水抛向五六十米的高空,一时间白烟滚滚,水花四溅。老实泉每隔 1 小时就喷射一次,每次持续约 5 分钟,非常准时。

老实泉总是如此准时的喷水柱引起了人们的极大兴趣。曾有人在老实泉的泉孔里放置了一支温度计,温度计一直深入到地下 40 米深的地方,但并没有什么发现。

1958 年,有人使用仪器探测发现:老实泉水温在 30 米深的地方有波动。先是从 110℃ 下降到 93℃,然后就一直在 93℃～105℃ 间波动着。到下一次喷泉喷射的时候,泉水温度又上升到了 110℃。科学家们根据这些变化推算,老实泉深 175 米左右。

老实泉

有人认为老实泉的地下可能有一些四通八达的管道和缝隙。地面上的冷水渗透到裂缝里,使水位升高,达到一定高度时,就会流入间歇泉的管道,与那里的热水汇合,直到管道内蒸气压力增加到足以把水位提高、把水喷射到地面上为止。

有人还发现,地震会影响到间歇泉的活动规律。1972年冬~1973年初,老实泉的平均间歇时间缩短了几分钟,结果1973年的三四月间,这里就发生了2次强烈地震。

尽管老实泉准时喷发的原因还没有找到,但随着人们对它了解的增多,一定会揭开这个谜底。

能预测天气的泉

在我国四川、广西和湖南等省,有一些奇怪的泉井。泉井中水颜色变化能相当准确地预示当地天气的变化。例如,四川省古蔺县向顶乡境内,在石灰岩层中出露一个泉,泉水在出露处低洼中形成一个水面面积达50平方米的天蓝色水塘,每当天气由晴转雨前水色变黑,由雨转晴前,水色变为淡黄。天气变化后一日左右,水又恢复成天蓝色。如塘水呈五颜六色,第二年必定风调雨顺。又如重庆市温泉公园有一个冷矿泉水形成的水池,当泉水池中的水清澈透明时,预示天气将转晴。当池水变成浑浊并冒气泡很多时,表明将有大雨或暴雨。多年观察资料表明,这个泉水池水色变化对天气的预示是很准确的。广西灵川县海洋乡苏家村边也有这样一个泉。当泉水很清时,天气晴朗,日内不会下雨。当泉涌出乳白色的像米汤那样的水时,3天之内就会下雨。泉涌的浑水量大小,还能预示雨的大小。下雨天,如果泉水开始变清,天气就将转晴。当地人们每天都可根据泉水的变化情况,得知天气的变化。

广西贵港市庆丰乡新塘东侧,有个泉水形成的池塘,水面面积约3亩,池底有数个日流量约3万吨的泉。池水清澈,但奇怪的是,这个泉池每逢大雨前12小时,池水变成淡红色。据测定,池水中含有锶、氡等20多种微量元素。然而,池水为什么会在大雨天前变成淡红色,仍然是个不解之谜。

水火泉

在台湾台南县白河镇东约 8 千米的关子岭北麓,有一处"水火同源"的奇特景观。泉水从岩石缝里涌出,水温高达 84℃,水色灰,水味苦咸。泉水落入一个小池子,瞬间浓烟升起。更奇妙的是,只要在水面上点一根火柴,火焰便能从水中燃烧,令人瞠目结舌。也正因为如此,这个水火同源的泉便称为水火泉。

究竟是什么原因造成了这么奇异的现象呢?这是因为台湾正处在世界著名的"环太平洋火山地震带"上,地层断裂比较发达。这些断层底部靠近地下岩浆热源,地下水因而被烘烤加热成热水和蒸汽,涌出地表形成温泉。关子岭的温泉地层中分布着含油气的泥质岩层,在地热作用下不断产生主要成分为甲烷的天然气。甲烷与地下水"合二为一"涌出地表,因它极难溶于水又易点燃,进而放出大量的热。所以远看好似水在燃烧,形成水伴火的奇观。

虾泉

在广西南宁市西北 120 千米的右江北岸,平果县城西虾山脚下有一口泉。清澈明镜的泉水注入右江,每年农历三四月夜深人静之时,密密麻麻的虾群聚集在右江水和泉水汇合处以上的浅水洼里,争先恐后地逆水奋进。被泉水冲下来的虾又会再次冲锋,勇往直前,叫人叹为观止。那些冲上泉口的虾便以胜利者的姿态,优哉游哉地进入泉水深处,从此不知何时再出泉了,这就是有名的"虾进泉"。当地人往往夜间在泉口放一个虾笼,经过两三个小时的"守笼待虾",便可不"捞"而获十几千克"战利品"。

水位稳定的泉

泉水一般都随着季节的更替、水流的大小而变化,有时急流喷涌,有时细水涓涓,有时还会枯竭。但是湖南省长沙市的名泉白沙井却很稳定,一年到头都不干涸。

白沙井是一字排开的 4 口古井,井口有石栏围护,水深 0.5 米左右,水底是一层自然形成的细沙。虽然水位较浅,但是当往外舀水时,你会发现水位并不下降。而几天不从井中取水,水位也不会上升。无论是雨季、旱季,井水都不涸不溢。

白沙井水位稳定的原因也与这里的地质结构有关。白沙井处在回龙山麓,这一带是湘江的古河道。古河床的沙砾石层下面是不透水的页岩,上面覆盖着红土。红土层比较致密,也有一定的透水性。由于此地雨水丰沛,雨水通过红土层缓缓下渗到沙砾石层里,在不透水的页岩上面形成一个洁净的地下水库。白沙井的水就是这层沙砾石中储存的水,有这么大一个地下水库供水,所以从不干涸;再加上井水水面和沙砾石层中水面相平,而这个水面随季节变化很小,所以也不会溢出。

胆小如鼠的泉

在四川广元市的龙门山有一个胆小如鼠的泉,被人们称为缩水洞,它特别地害怕震动。

泉水是从一条河谷边的崖壁上流出来,水流量并不大,泉水从石缝中缓缓流出,在地面上冲出一条小水沟。如果拿一块大石头砸在泉边的地面上,立即就会听到泉洞里发出咯咯的响声,接着泉口也不流水了。十几分钟以后,泉水才会恢复流动。如果再砸一块石头,它还会断流。

缩水洞的泉水之所以往回缩,是因为水流的通道断了。原来,缩水洞里的泉水,是通过许多细小岩石孔隙升上来的地下水。这些水在洞里汇

成一股细小的水流缓缓涌到洞外。当附近有大的震动时,空气波动产生的压力会使这些岩石孔隙里的水停止上升,由于泉口附近的水还会被吸回去,所以发出咯咯的响声。等到空气压力消失后,地下水仍通过岩石孔隙向上升出来,于是泉洞里就又会有水流出。

蝴蝶泉

美丽神奇的蝴蝶泉位于苍山北部的云弄峰麓。蝴蝶泉之所以出名,是因为泉边每年都有一次蝴蝶聚会。

其实,蝴蝶聚会与蝴蝶泉并没多大的关系,只是因为泉边的一棵合欢树。每年春末夏初时节,合欢树上都开满了粉白色的花朵。这些花朵很像是飞舞的蝴蝶,并发散出一种沁人心脾的芳香,人们都叫它蝴蝶树。在蝴蝶树花盛开的时间,会有许多形状各异的蝴蝶飞来,翩翩起舞,围满全树。这些蝴蝶还首尾相衔,从树的枝条上垂下来,一直垂到泉池水面,远远望去就像一条条随风飘动的五彩绸带。这种奇特的景观会持续半个月的时间。

原来,如此多的蝴蝶来蝴蝶泉聚会,是为了它们爱吃的一种食物——蝴蝶树上分泌的液体。它们循着蝴蝶花的香味飞到这里,尽情地吃喝。吃饱喝足后,就相互追逐,成串成串地垂挂在树枝上,进行交配。

药泉

在我国黑龙江省北安市的西北方,有一条叫讷谟尔的河,河边有个药泉山,山脚下有许多的药泉。因为泉水里含有对人体有益的元素,能像药一样治好多种疾病,所以叫药泉。在这众多药泉中,较有名的为南泉、北泉、南洗泉、翻花泉、二龙泉等。

南泉的水棕黄,北泉的水乳白,两个泉里的水都含有很多二氧化碳,喝了后就会不住地打嗝,让人很舒服。南泉和北泉的水可以治疗胃、肾、肝、心血管和神经衰弱等病症。其中对胃病疗效最好,据说患胃溃疡多年的病人喝上几个月泉水就痊愈了。南洗泉和翻花泉的水可以治疗皮肤病,不过不是喝泉水,而是用泉水洗浴身体。当地人说这泉水能治好多种皮肤病。二龙泉是两组相邻的泉,泉水清澈见底。用这里的泉水洗脸洗眼,眼睛特别舒服,所以又叫洗眼泉。

内蒙古维那河的矿泉比药泉山的药泉更神奇,用这里的矿泉水治病的更多。维那河矿泉位于大兴安岭西坡维那河的上游,由 7 眼化学成分各不相同的泉组成。由于这七眼泉的水具有不同的医疗功能,人们把这里的泉编了号,起了名。

供人饮用治病的泉,是前 6 个。1 号泉叫心脏泉,能治心脏病;2 号泉称为万能泉,能治消化道疾病、呼吸道疾病、软骨病、肝病等十几种病;3 号泉叫头泉,能治头痛、头晕眼花等病;4 号泉可以治疗各种眼疾,叫做眼泉;5 号泉叫耳鼻泉,能治耳、鼻部疾病;6 号泉叫胃酸泉,可以治疗胃酸过多、消化不良等疾病;7 号泉是专供洗澡用的,叫做冷浴泉,能治疗风湿性关节炎、慢性关节炎、神经衰弱、皮肤病等。

原来这一带地层比较破碎,岩石孔隙比较多。地下水流经不同的岩层,溶进了各种不同的化学元素。当它们通过不同孔道涌出地面后,就成为所含化学成分不同,治疗疾病功能也不一样的各种矿泉了。

冰泉

陕西蓝田有一口井泉,深达 10 多米,水落进至井底立刻结成冰,伏天亦如此。

甘苦泉

河南焦作太行山南侧有 1 对并列的泉眼,间距仅 30 厘米左右,但流出的泉水却一苦一甜,截然相反。

追呼泉

四川筠连县被称为中国奇泉之乡。筠连县有冷泉、热泉、大泉、小泉、矿泉、硫泉、长流泉、潮涌泉等泉眼,还有一种奇泉——"追呼泉"。

追呼泉位于一个小山洞内,泉眼有鸡蛋大小。泉水从 50 米高的地方喷泻下来,站在泉下,任凭水雾撒落脸上,有如轻纱拂面。最奇特的是,假如你站在离泉较远的地方,大声地喊,那水雾会朝着声音来的方向移动,到 5~10 米远的地方便停下往回走,恢复原有的状态。当地人因此称这股泉眼为"追呼泉"。

此外,据当地人讲,追呼泉所在的洞寒气逼人,走进去全身发冷。

有鱼的泉

在我国广西平果县有一个泉,泉水里竟有鱼在游动。这种鱼的重量一般不超过 3 千克,当地人就叫它"没六鱼"。"没六鱼"的学名叫岩鲮,是一种很珍贵的鱼。

许多人都知道,泉水是由地下水涌出地面形成的,经过岩石裂隙或沙石层的过滤,所以泉水中一般不会有大的生物出现。但是广西平果县的泉水中怎么会有鱼呢?经过考察,科学家发现,这个泉的水源不是地下水而是河水,泉水是从一个与附近几条小河相通的洞里流出来的,河水从各种渠道进入洞中,又从洞口流出来,实际上流出的应该说是地下河水。因为流出来的水中有没六鱼,所以称洞为"没六鱼洞"。

实际上,这个洞是一个狭长的岩洞,大约有 70 多米长。"没六鱼"生活在阴暗清凉的地下河水中,以附着在水中岩石上的生物为食。有人曾经把"没六鱼"弄到洞外的水体中放养,试图把它养活,却没有成功。"没六鱼"成了这个洞里的特产。

能高能低的泉

在我国的湖南省有一个水位能高能低的泉。这里的泉水形成一个面积约 40 平方米的方形水池,池水最深的地方有 15 米。每当泉池里的水升到一定高度时,会急剧下降,并发出轰隆隆的响声。一段时间以后,当水位下降了约 1 米的时候,就会停止下落,又会缓慢上升。经过两个小时以后,池水升到一定的高度又开始新一次的下落过程。因为有类似涨落潮的现象,人们就叫它潮泉池。

潮泉池水位有规律的升降,和这里的地层有关系。这一带是石灰岩地层,岩层里洞穴、孔道比较多。潮泉池的池壁上就有一个长 50 多米,通向地面的孔道,池壁上的孔口比它通向地面那个孔口要低 1 米。这样,在泉池里的水位高于池壁孔口 1 米时,孔道充满了水,由于泉池高水位的压力作用,水就通过这条地下管道从地面上的孔口急速涌出,泉池内水位急剧下降。等到池子里的水降到池壁入水口高度时,水位停止下落。然后,地下水向池子里渗流,水位又慢慢上升。

难解的自然奇象

"阴兵过路"

在我国云南省陆良县著名沙林风景区内有一种奇特的自然现象。从20世纪80年代起,居住在沙林风景区附近的居民在一处幽深的深谷里经常听到一些兵器相碰、战马嘶鸣的声音,他们将这种奇怪的现象称为"阴兵过路"。

这种古怪的声音在当地被人们传得沸沸扬扬。可是时至今日,也没有一个人能说得清楚这怪声到底是什么回事,有些村民说这与1800年前的一场战争有关。

三国末年,为平定南方少数民族叛乱,诸葛亮率军南下直至陆良。一天,蜀军与南军在战马坡交战。南蛮王孟获特意请深通法术的八纳洞洞主木鹿大王前来助阵。来到战马坡的木鹿大王命手下官兵挖了2条长不到40米、宽不足1米的山路,并将蜀军引到此。呜呜的号角响起之后,虎豹豺狼、飞禽走兽乘风而出。蜀军无抵挡之力,退入山谷。可就在这个时候,意外发生了,蜀军突然马惊人坠,南军乘机追杀,蜀军死伤惨重。从此,这里总是阴云不散。

这条隐蔽在密林中的山谷,就是当年木鹿大王派人挖的,人们叫它惊马槽,如今它是村民们上山、下山的唯一通道。当地村民大多不敢从这里路过。

在"阴兵过路"还没有解开时,又一个谜团出现了。据说只要马到了惊马槽就会受惊,不管如何驱赶,它都不会走过去。

惊马槽"闹鬼"的消息引起了专家的注意。有专家认为惊马槽有录音的功能,将1800年前的那场战争的声音记录了下来。

人类实现声音记录,是1877年科学家爱迪生发明留声机开始的。这种录音的方法是把声音变换成金属针的震动,然后把波形刻录在锡纸上。当金属针再一次沿着刻录后的轨迹运动时,便可以重新播放出留下的声音。

如此复杂的录音过程,惊马槽又是如何做到的呢? 专家认为和这里的土壤有关系。这里土壤主要是以石英岩为主。石英岩是自然界中一种普通的矿物,它的主要化学成分是二氧化硅。由于二氧化硅具有很好的传导性,所以人们常把它制造成各种电子元件,安装在录音机的心脏内。于是人们认为,惊马槽之所以仍然保留着古战场的声音,就是因为这里岩石中的二氧化硅具有录音的作用。

据介绍,古今中外,这样的例子很多。20世纪90年代,四川忠县老百姓把一个红苕窖填土垒墙,盖房子,他们一边打夯,一边说笑。这个屋子盖好以后,连续多次出现他们打夯、说笑的声音。

但是岩石录音只是传说,至今还没有被证实过。而惊马槽想要成为一个录音机,除了要有大量的石英岩之外,磁铁矿也是必不可少的。那么惊马槽是否有磁铁矿呢? 考察结果显示,惊马槽周围的岩石中除了大量的石英矿物之外,只有极少量的磁铁矿。如果没有足够的磁铁矿石,那么惊马槽又是怎么记录下1800多年前那场战争中的刀枪马鸣声呢?

从录音机录音所具备的几个条件与惊马槽的录音进行分析比较:一是声源,惊马槽有古战场的声音;二是电流,闪电时产生静电;三是磁场,地球本身就是个大磁场;四就是用来录音的磁带。即使这里只有少量的磁铁矿岩石,它同样可以相当于带有磁粉的胶带,从这些来看,惊马槽录音的现象似乎是存在的。但是有专家说岩石储存声音本身就让人十分质疑,而且地层中的磁铁矿能否真正替代录音机里的磁带存储声音,也同样

有很大的争议。因此,一些人认为惊马槽录音的说法是无稽之谈。

据当地村民反映,在雷雨天气里,惊马槽的怪声会更加地刺耳。也就是说,这种奇怪的自然现象与天气有着某种特殊的联系。专家将从现场采集的声音进行分析,发现这个声音的波峰值不断变化,他们猜测可能是由于风吹过所造成大强度的变化,即惊马槽的"阴兵过路"是风造成的,而不是 1800 年前古战场的声音。

惊马槽的形状很像啤酒瓶的瓶身:入口小,两边直上直下。当我们对着酒瓶吹气的时候,可以听到很刺耳的声音,这是物理学中的共振现象,在声学上叫共鸣。惊马槽的怪声出现就是共鸣效应,当风吹进惊马槽后,风声被放大,也就形成阴兵过路的声音。但是仍有许多疑问,为何风声可以形成马叫的声音?专家认为与此处地形有关。

那么为什么马到了惊马槽就会受惊呢?据推测,动物的器官比人更加敏感,能够感应到非常微小的、人不能分辨的声音。当风吹进惊马槽的时候形成让马恐惧的声音,马才受了惊。

鸣沙现象

世界上许多地方都有鸣沙现象,沙子发出的声音也各具特色,有的像狗叫,有的如琴声,有的似打雷,还有的仿佛汽车发动机的轰鸣声。人们还发现,沙漠中的鸣沙音较低沉,沙滩上的鸣沙音较尖细。甘肃敦煌的鸣沙山、宁夏中卫县的沙坡头和内蒙古包头南面的响沙湾,是我国三大鸣沙地。美国的长岛、英国的诺森伯兰海岸、丹麦的波恩贺尔姆岛、波兰的科尔堡等地的沙滩、沙漠,都会发出奇妙的响声。

有关鸣沙现象产生的原因的看法,学者们也都各持己见。有人认为,是因为沙子上有一层薄薄的钙镁化合物,大量的沙子互相摩擦,就会发出像琴声一样的声音,宛如抹上松香的琴弓沿着琴弦演奏一般。

有人说是因为这些地方的沙子带电,大风使沙子相互撞击,沙子上的电荷相互排斥如同放电,所以发出了响声。前苏联学者雷日科根据这一

奇特的鸣沙现象

原理还成功制造了人造鸣沙现象。

也有人认为,是空气在沙粒之间产生振动发出的响声。沙粒滑动时,它们中的空隙时大时小,空气在这些空隙中穿梭,使沙粒产生振动,发出响声。

有位前苏联学者考察了内蒙古的响沙湾后,发现该地石英质地的沙粒占1/2以上。他认为,鸣沙中的石英沙粒对压力十分敏感,一旦受到挤压就会带电。电压越高,声音就越响亮。但是石英沙的分布很广,鸣沙现象却不多见,而且一般鸣沙换个地方就不鸣了。

我国学者马玉明于1979年提出了一个新观点。他认为产生鸣沙现象要具备3个条件:沙丘高陡;背风向阳且背风坡沙面呈月牙形;沙丘底下有水渗出(形成泉潭)或有大的干河槽。但是,国外一些海滨的鸣沙沙滩是十分平坦的,也无高陡的沙丘,并且通常只在雨后表面沙粒刚干时发出响声。

在日本的一个海滨浴场,也有2处奇特的鸣沙滩:琴引滨和击鼓滨。

这两处鸣沙滩不但"音色"截然不同,而且还有季节性变化。据此,有日本学者认为:海滨鸣沙和沙漠鸣沙不同,海滨鸣沙的关键是要有洁净的海水不断地冲刷。由于夏季很多人游泳戏水,海水不再洁净,沙子就不会响了。

尽管鸣沙现象产生的原因还没最终确定,但我们相信不久的将来科学家一定会破解它。

五颜六色的沙漠

许多人都认为沙漠是一片黄色,单调荒凉,但其实不是这样的。澳大利亚的辛普森沙漠就是红色,远远望去一片红彤彤,十分的壮丽。如果遇上降雨,一些生命力顽强的小植物就会破土而出,形成"万红丛中一点绿"的景观。

位于美国科罗拉多大峡谷东岸的亚利桑那沙漠,那里有各色的沙石,有粉红色、金黄色、紫红色,也有蓝色、白色和紫色,整个沙漠像是盛着宝

浩瀚无边的沙漠

石的巨盆,令人眼花缭乱。在阳光照耀下,半空中也飘荡着不同色彩的烟雾,奇丽无比。

美国新墨西哥州的路索罗盆地的沙漠又是另一番景象,那里是一片白色的世界。是的,路索罗盆地的沙子是白色的,就连生活在那里的一些小动物,如囊鼠、蜥蜴和几种小昆虫,因为要适应严酷的环境,身躯都变成了白色。

与路索罗盆地相反,在中亚土库曼斯坦的卡拉库姆沙漠是棕黑色,整个沙漠阴沉沉的,无边无际。

这些沙漠之所以会呈现出不同的颜色,是由于组成沙石的矿物质不同,辛普森沙漠的沙石中铁质矿物含量多,经长期风化,沙石附上了一层氧化铁的外衣,因而成为"红色沙漠";亚利桑那沙漠的沙石中含有远古火山熔岩的矿物质,因而五彩缤纷,形成"五彩沙漠";组成路索罗盆地里的沙石则是由于1亿年的石膏质海床几经变化,石膏晶体被风化剥蚀而成,那里便成了"白色沙漠";而在卡拉库姆,沙漠是黑色岩层风化而成的,自然也就成了"黑色沙漠"了。

能爆炸的沸水

在世界高原范围内共有1000余处地热区。以西藏南部的地热带最为强盛。它南起喜马拉雅山,北抵冈底斯山和念青唐古拉山,从西隆阿里向东经过藏南延伸至横断山脉折向南迄于云南西部的强大地热带的形成,和年轻的喜马拉雅造山运动密切相关。我国学者称之为喜马拉雅地热带。在这条地热带内有热水湖、热水沼泽、热泉、沸泉、汽泉和各种泉华等地热显示类型,还有世界罕见的水热爆炸和间歇喷泉现象。

科学家在喜马拉雅山地热带内一共找到了11处的水热爆炸区。据记载,1975年11月,在西藏普兰县曲普地区发生了一次水热爆炸,震天巨响吓得牛羊四处逃散。巨大的黑灰烟柱冲上天空,上升到大约八九百米的高度,形成一团黑云。爆炸时抛出的石块直径达30厘米,爆炸后9

个月,穴口依然笼罩在弥漫的蒸汽之中。留下了一个直径约25米的大坑,称为圆形爆炸穴,穴体充水成热水塘,中心有两个沸泉口,形成沸水滚滚,翻涌不息的湍流区。泉口温度无法测量,但热水塘岸边的水下温度已高达78℃。

水热爆炸是一种极其猛烈的水热活动现象,爆炸后地表留下一个漏斗状的爆炸穴,穴口周围组成的环形垣体堆积物逐渐流散,泉口涌水量慢慢减少,水质渐清,水温降低。水热爆炸通常没有固定的时间和地点,征兆不明显,过程也十分短暂,只有数分钟。因此只有少数人目睹过这种奇特的地热现象。

有人认为,水热爆炸属于火山活动的范畴,这是因为目前仅有美国、日本、新西兰和意大利等少数国家发现过水热爆炸,但几乎都出现在近代火山区内。然而,青藏高原上的水热爆炸活动和现代火山似乎没有什么联系。它是在以岩浆热源为背景的涤层含热水层中,当高温热水的温度超过了与压力相适应的沸点而骤然汽化,体积膨胀数百倍所产生的巨大压力掀开了上面的盖层而发生的爆炸。高原上水热爆炸的规模较小,但同一地点发生水热爆炸的频率却较高。如苦玛每年平均发生四五次,有的年份则多达20余次。这种罕见的高频水热爆炸活动说明,下覆热源的热能传递速率大,爆炸点的热量积累快。从地热带内其他各种迹象判断,这个热源可能是十分年轻的岩浆侵入体。19世纪末叶以来,涉足高原的任何外国探险考察家都没有报道过这里的水热爆炸活动,已经发现的水热爆炸活动大都发生在19世纪50年代以后,它们形成的垣体中也不见泉华碎块,这不仅说明这些水热区形成的年代新,而且还暗示这里作为热源的壳内岩浆体很年轻,正处在初期阶段。

目前,科学家已经在西藏发现3处间歇泉。高温间歇喷泉是自然界一种奇特而又罕见的汽水两相显示,它是在特定条件下,地下高温热水做周期性的水汽两相转化,因而泉口能够间断地喷出大量汽水混合物的一种水热活动。相邻的两次喷发之间,有着相对静止的间歇期。

这种奇特的、交替变幻的喷发和休止,决定于它巧妙的地下结构和热活动过程。间歇喷泉通常位于坚固的泉华台地上,其下有体积庞大的"水室"和四周的给水系统,底部有高温热水或天然蒸汽加热,还有细长喉管直达地面的抽送系统,酷似一个完整的天然"地下锅炉"。随着"水室"受热升温,汽化上下蔓延,至"水室"内具备全面沸腾的条件时,骤然汽化所产生的膨胀压力通过抽送系统把全部汽水混合物抛掷出去构成激喷。水室排空后重又蓄水、加热,孕育着再一次喷发。

难解的通古斯大爆炸

1908 年 6 月 30 日上午 7 时 17 分,俄罗斯西伯利亚埃文基自治区发生大爆炸。此事件与 3000 多年前印度的死丘事件及 1626 年 5 月 30 日北京的王恭厂大爆炸并称为世界三大自然之谜。

1908 年 6 月 30 日,在俄罗斯西伯利亚森林的通古斯河畔突然爆发

通古斯

出一声巨响,巨大的蘑菇云腾空而起,天空出现了强烈的白光,气温瞬间灼热烤人,顷刻,周围2000平方千米被夷为平地,超过6000万棵树遭到毁灭。在这场爆炸中,不仅是俄罗斯受到强烈震撼,就连英国伦敦的许多电灯也骤然熄灭;欧洲许多国家的人们还在夜空中看到了白昼般的闪光;甚至远在大洋彼岸的美国也感觉到大地在抖动……据估算,这股破坏力相当于1500万～2000万吨TNT炸药或1000颗原子弹爆炸的威力。

虽然当时这次爆炸被认为是大地震而被地震传感器感应到,但是在爆炸时,贝加尔湖西北方的居民曾观察到一个巨大的火球划过天空,其亮度和太阳相当。数分钟后,一道强光照亮了整个天空,稍后的冲击波将附近650千米内的窗户玻璃震碎,并且还观察到了蘑菇云现象。

最先对通古斯大爆炸进行研究的人认为是陨石撞击地球,但是他们却始终没有找到陨星坠落的深坑,也没有找到陨石。1945年,前苏联物理学家卡萨耶夫通过对日本广岛受到原子弹轰炸留下的废墟进行考察,他发现通古斯爆炸后的废墟与广岛废墟有众多相似之处:爆炸中心受破坏,树木直立而没有倒下;爆炸中人畜死亡,是核辐射烧伤造成的;爆炸产生的蘑菇云形相同,只是通古斯的要大得多。因此,卡萨耶夫认为通古斯大爆炸是一艘外星人驾驶的核动力宇宙飞船,在降落过程中发生故障而引起的一场核爆炸。但是这种大胆的猜测却没有被认可。此外还有很多说法:有人认为是彗星撞击地球形成了爆炸;有人认为是宇宙黑洞造成的,但是关于黑洞的性质、特点,人们了解的还很少;还有人认为,通古斯大爆炸的罪魁祸首是地壳深处总数达1000万吨富含甲烷的气体大规模泄漏。

国立莫斯科大学的流星物理学教授斯图洛夫提出新的看法:通古斯大爆炸可能是源自流星且由烧红了的气体或烟尘导致的大爆炸。他通过计算认为,耐热、飞行速度较慢、质地不太硬的陨石等天体落入地球大气后,会很快或逐渐破裂成碎块,在空气阻力作用下这些碎块的飞行速度会骤降,它们落到地面后不会造成大爆炸的后果。而如果是某天体以极高速度闯入地球大气层并与大气相互作用时释放出极大能量,而这种能量远远超过使该天体完全气化所需的能量,那么"闯入者"在抵达地面时就已完全变成被烧红的炙热气体或烟尘,这些气体或烟尘在飞行、撞击地面、在森林里迅猛蔓延时会产生和爆炸一样的效果,使大片林木倒伏并烧焦。根据斯图洛夫的计算,当一个直径约 40 米、飞行速度达每秒 35 千米的流星坠入地球大气时,它就会发生上述罕见的气化,最终导致通古斯大爆炸。但是同时他也表示这只是一种假说,尚需验证。

通古斯爆炸可以说是人类有文字记载以来的最大一次爆炸。有人说传说中的史前文明也是毁于地球的某一次爆炸,那么是否可以从通古斯爆炸中发现蛛丝马迹,来证明地球上曾经遭到毁灭的历史呢?

南极冰雕

南极洲是一片人类居住最少的大陆,但是科学家却在南极洲对面海岸接近印度洋之处发现了不少雕刻成各种动物如海豚、鱼、狮子的形状的巨型冰雕,在海上四处漂浮!

它们究竟是谁做出来的呢?又为了什么?这一连串的疑问让科学家十分迷惑不解。"一些足有千万吨重的巨大冰雕。"瑞典海洋学家查·柏德逊说,在 1993 年研究船经过当地时,他也曾亲眼目睹一些奇怪冰山在海面漂过,"我们虽然并不知道是谁做出来的,不过我们却肯定,那绝非人手能雕琢出来。"

那些冰雕的高度在 18～45 米。从 1993 年 8 月拍摄的照片来看,它们的造型和比例惟妙惟肖,就连眼睫毛和小狮子的爪,也清楚可见,可以说雕刻得极仔细。

数家国际航运公司的发言人,亦证实从 1990 年夏天开始,收到过不少船只的报告,说见到这些巨型冰雕在南极一带海面出现。为了调查此事,柏德逊博士曾经访问过 356 名船员,他们都声称见过这些神秘冰雕。

最为奇怪的是,在这些巨型冰雕的上空,还同时出现彩虹似的光芒,不管是白天或夜晚,都清楚可见。"那些冰雕的彩光究竟从何而来,或只

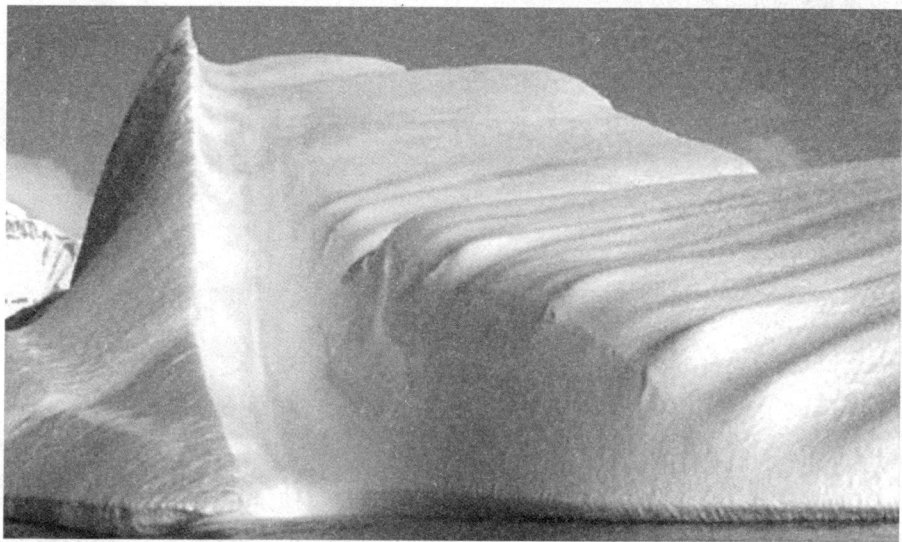

诡异的南极冰雕

是某种自然的现象,我们仍在查探中。"柏德逊博士在瑞典首都斯德哥尔摩的记者会上说。

如今,神秘的南极冰雕仍是科学家们一直很想解开却无法解开的谜团。

跨越赤道的巨足

厄瓜多尔以地处地球南北平分线上而闻名于世。在厄瓜多尔的首都基多矗立着一座赤道纪念碑,碑的四面刻写的字母分别表示东西南北四个方向。碑的正面写着:"这里是地球的中心。"这个"地球的中心"还是经过科学家们长久论战才确定下来的。然而古代印加人很早就知道把地球一分为二的赤道线,他们称它为"太阳之路",把基多称作"地球中心"。而且古印加人能把太阳神庙准确地建立在地球的平分线上。更令人想不到的是还发现了庞大的"赤道巨足"。

1982年,西班牙画家拉斐尔乘坐飞机经过厄瓜多尔的瓜亚基尔城的上空时,他向下俯视,无意中竟发现了这道人间奇观,并由此画出2幅引起轰动的画:一幅表现赤道上重叠的山峦,恰似一只蹲伏的猛虎,守卫在地球的平分线上;另一幅画的是活火山喷发后的岩石状况,恰似一只巨足,踩在地球平分线上。

那么,这一奇观怎么形成的呢? 一种观点认为那里地处赤道,地壳活动频繁,完全有可能是在哪一次火山爆发后喷出的岩浆,在硬化过程中凑巧形成了这一奇异形状;一种看法是花岗岩石经过长年累月风化、侵蚀,从而造成了现在这一奇特的地貌;还有一部分人认为是古代印第安人在已有的自然形状上再创造,加工、雕刻成目前的模样,目的是为了作出标记,让人们知道这里就是地球的平分线。他们的理由是,早在好多世纪以前,基多就已经成为古代印加帝国的政治、宗教中心,印加人自古就崇拜太阳神,自谕是太阳的子孙。居住在基多附近的土著居民,即曾经是古印加人的鲁伦班巴人,在当时就已掌握较高的天文、数学、建筑艺术知识与技术。因此,认为巨足是古代印第安人在大自然恩赐的石块上艺术再创造的结果,也是完全有可能的。

总之,关于巨足的成因看法不一,孰是孰非,只能让人们继续争论了。

麦田怪圈

2008年6月18日,英国威尔特郡劳顿村巴布里堡附近的大麦田里出现了一个直径46米的麦田怪圈,而这个"麦田怪圈"竟是一个圆周率"密码图",它象征着圆周率的前10个数字! 中心附近的原点则为小数点。编码则根据10个成角片断编成,放射状扩散则代表每个片断。

历史上,关于"麦田怪圈"的报道可以追溯到1647年,此后的几百年间,美国、澳大利亚、欧洲等地都频繁地发现了麦田怪圈。有的是精致的几何图形,有的则是动物形象,而英国曾经有大约100头绵羊首尾相接地在一片空旷的田野上围成了一个巨大的白色圆圈持续了10多分钟。

神奇的麦田怪圈

至今科学界对怪圈是如何形成的一直存在争议，目前主要有 6 种说法。

一是磁场说。有专家认为，磁场中有一种神奇的移动力，可产生一股电流，使农作物"平躺"在地面上。美国专家杰弗里·威尔逊研究了 130 多个麦田怪圈，发现 90％的怪圈附近都有连接高压电线的变压器，方圆 270 米内都有一个水池。由于接受灌溉，麦田底部的土壤释放出的离子会产生负电，与高压电线相连的变压器则产生正电，负电和正电碰撞后会产生电磁能，从而击倒小麦形成怪圈。

二是龙卷风说。从有关记载来看，麦田怪圈出现最多的季节是在春季和夏季。有人认为，夏季天气变化无常，龙卷风是造成怪圈的主要原因。很多麦田怪圈出现在山边或离山六七千米的地方，这种地方很容易形成龙卷风。

三是外星制造说。很多人相信,麦田怪圈大多是在一夜之间形成的,很可能是外星人的杰作。

四是异端说。一些人相信,麦田怪圈背后有种神秘的力量,就像百慕大三角一样。根据这种猜测,就有人把麦田怪圈说成是"灾难预告",借以散布异端邪说。

五是人造说,也是流传较为广泛的说法。很多人认为麦田怪圈只是某些人的恶作剧。英国科学家安德鲁经过长达17年的调查研究认为,麦田怪圈有80%属于人为制造。

"人造说"认为麦田怪圈是一种艺术行为,多年以来,那些怪圈制造者对超感觉都有兴趣,他们合作从事广泛的计划,包括美术和摄影。这些人渐渐由传统艺术家变为隐蔽艺术家,合伙去制造麦田怪圈,因为他们认为,麦田怪圈的美是一种行为艺术的表达。

有人曾经做过实验,看人力是否可以做到。结果显示,一定数量的人

奇妙的麦田怪圈

可以在数小时内便完成图案，并能确保不会留下任何人造证据。

六是高频辐射造成麦田怪圈。科学家将荞麦秆放进微波炉里，加一杯水，在 600 瓦的高频辐射下，经过 12 秒钟，荞麦秆发生了奇异的变化，所有试验的麦秆都在节瘤处发生了弯曲，其形状与陶里亚蒂麦田里倒伏的麦秆完全一样。因此得出推断，陶里亚蒂的麦田一定是受到了高频辐射，但哪儿来的高频辐射呢？有人认为来自地球内部的磁场变化，也有的说来自闪电，但究竟来自哪里，谁也没有解释清楚。

会动的棺材

棺材会走动吗？乍听这个问题，可能会有人说人抬着它就可以走动，但是现在要说的是棺材可以自行移动。这件事就发生在大西洋一个叫巴巴多斯的岛上。该岛上有一处珊瑚石垒成、水泥加固的大墓穴，门口用大理石封住，墓门平时都用大锁紧紧地锁住。可是就在这样严密的保护下，墓穴里的棺材仍多次发生了移动，这引起了人们的好奇心。在第一次发现棺材被移动了的时候，墓穴主人的家族还以为是仇人的恶作剧。他们将棺材全部放回原处，将沉重的石板用水泥封在原处。当地政府还在水泥没干之前，盖上了封印。他们还在地面上撒上一层厚厚的白沙子，以便能留下人的脚印或棺材被拖动的痕迹。可当家族里有人去查看时，水泥面上所有的封印都没有被动过，水泥被敲开之后，石板却很难移开，原来有副棺材竖了起来，顶在了石板上，真是不可思议！然而更奇怪的是，除了一木制棺材没有移动外，其他的棺材均再次被野蛮地移动了。但沙子上却没有留下任何痕迹，上面没有入侵者的脚印、拖痕，也没有洪水的痕迹。陵墓的每个部分都像当初建造时一样坚固，没有松动的石头，也没有秘道。于是人们开始相信这不是人为，而是棺材本身的问题，那这些棺材身上有什么特殊之处呢？

按照当时巴巴多斯的风俗，富有的种植园主家族通常用厚厚的铅板包裹棺材。现在墓穴里包裹了铅板的棺材全都发生了移动，而没用铅板的棺材却纹丝未动,人们猜测这可能和磁场有关。可同样包裹铅板的棺材在岛上别的地方并没有移动,上面的猜测就说不过去了。多年来,人们为了解开巴巴多斯棺材之谜,提出了许多设想——黑人的报复、突发的洪水、巨大的真菌、小规模地震等等,但都不能令人信服地解释棺材自行移动的现象。后来地方长官觉得该事蹊跷太多,不愿再引起麻烦,于是下令把墓穴里的棺材全都搬出,厚葬在了别处,这里便成了一座充满传奇的空墓,一直到今天。

能流泉水的棺材

在法国比利牛斯山区的阿里什尔特什村,有一座古老教堂。教堂内存放着一口石棺,长约 2 米。从这口石棺内可以流出神奇的泉水。据统计,每天能从石棺内流出约 500 升的泉水。

据石棺上的铭文记载,石棺是 1500 年前由能工巧匠用整块大理石凿成的,是公元 960 年死于罗马的波斯公爵桑特兄弟阿卜顿和圣南的棺木。人们在将他们的尸骨入殓后,在棺盖上穿了一个小孔并安上一弯铜管。谁知数年后一股清澈的泉水突然从棺内经弯管向外流出,昼夜不停,就是在干旱之年也不曾断流过。经过水质专家的化验,证明从石棺中流出的泉水水质纯正、清洁、无异味、无毒,完全符合饮用水的标准。可是石棺封闭严密,水是从何而来呢?

据有关专家考察,这口石棺总容量还不到 300 升,而每天从这口石棺中流淌出来的水却是 500~600 升。

1961 年,石棺内的水源之谜吸引了两位来自法国格累诺市的水利专家。他们试图解开石棺内的水源之谜。最初,水利专家认为这是渗水或凝聚现象,于是想方设法垫高石棺,使它与地面隔开。为了揭谜,他们还用塑料布将石棺严严实实地包起来,以防外界雨水渗入石棺中;为了防止有人往棺内灌水,他们还在石棺旁设岗,日夜值班。所有的办法都未使石棺内水源断绝。专家们用科学方法对石棺内的水进行鉴定,发现棺内的

水即使不流动,水质也是纯净不变的,似乎石棺内的水能够自动更换一样。有人说将石棺打开,不就一切都一清二楚了?但是由于石棺已经有1000多年的岁月,已经很难打开了。

至今还有许多人都想揭开石棺流出泉水之谜,但是都未能如愿。

无雪干谷的海豹尸骨

南极的总面积达1400多万平方千米。覆盖南极的冰层平均厚度为2000米,最厚的地方可达4800米。倘若冬天南极上的冰层和周围的海上冰层相连,其总面积就可达到3300万平方千米,形成一个超过非洲大陆的冰海雪原。

然而在南极却有一个无雪干谷,它是由3个山谷组成:维多利亚谷、赖特谷、地拉谷。无雪干谷周围山的海拔大约在 1500～2500 米,山上有冰川,而且这些冰川是向着谷地里流进去的,易形成冰瀑。不过,这些冰瀑流到山谷两旁的时候就没有了。冰川不能到达的地方,一年四季都不下雪,也就形成了无雪干谷。

进入无雪干谷的科学家们发现这里没有冰、没有雪,只有裸露在空气中的岩石,岩石下是成堆的海豹等兽类的白骨残骸。而无雪干谷距离最近的海岸也有数十千米,更远的至少相距 100 千米。海豹一般是在海岸上生活的,它们不可能到达这么远的地方来。但是无雪干谷的海豹遗骨又怎么解释呢?

有人说这些海豹在海岸生活的时候,迷失了方向,为了寻找水源误爬到无雪干谷。而这里没有冰雪,海豹们失去了可以维持生命的水,海豹想往回爬的时候,也已精疲力竭,最后都被活活地干渴死了。也有科学家说海豹是来无雪干谷"集体自杀"的,但是它们"自杀"的原因又是什么呢?因为没有人说得清楚,所以还有些科学家认为,这些海豹是受到了强烈的惊吓和驱赶才来到这里的。但是会是什么让海豹们这样地惧怕而慌不择路进入"死亡之地"呢? 又是什么东西驱赶它们来此呢? 这些海豹的死真是疑雾重重,令人费解啊!

至今,在这荒芜的无雪干谷里,这些海豹的尸骨还在那里静静地散落着,没有人知道它们为什么来到这里,又是如何死去的。

让人自焚的火炬岛

火炬岛位于加拿大北部的帕尔斯奇湖北边,面积仅 1 平方千米,但提起这个小岛就会让人毛骨悚然,因为一旦踏入这个小岛,人便会自焚而死。

据说早在 17 世纪 50 年代,有几位荷兰人来到帕尔斯奇湖。当地人再三叮嘱他们:千万不要去火炬岛。有位叫马斯连斯的荷兰人觉得当地居民是在吓唬他们。他认为:帕尔斯奇湖处在北极圈内,即使想在岛上点

上一堆火,恐怕也要费些周折,更不用说是使人自焚了。

因此,马斯连斯对这一忠告没有理睬,固执地邀了几个同伴向火炬岛进发,希望找到所谓的印第安人埋藏的宝物。可是,他们一行来到小岛边时,当地人的忠告让马斯连斯的几个同伴胆怯起来,都不敢再前进半步,只有马斯连斯一人继续奋力向前划去。

同伴们目送着马斯连斯的木筏慢慢接近小岛,心里都很担心,默默为他祷告着。时隔不久,他们突然看到一个火人从岛上飞奔过来,一下子跃进湖里。那不正是马斯连斯吗?只见水中的马斯连斯还在继续燃烧。他们立即划了过去,但谁也不敢跳下去救他,只能眼睁睁地看着他在痛苦中挣扎。

1984 年,萨斯喀彻温省普森理工大学教授伊尔福德组织一个考察组前往火炬岛考察。考察之前,他们进行了分析,认为人体自燃可能是一种电学或是光学现象。但组里的哈瓦平利教授持反对意见:岛上草木郁郁葱葱,还有飞禽走兽,为什么它们没有被烧焦呢?为了安全起见,他们穿上了特别的绝缘耐高温服装,上岛后未发现异常。然而,就在 2 个小时的考察即将结束时,莱克夫人突然说她心里发热,腹部发烧。伊尔福德立刻叫大家从原路撤回。回撤路上,走在最前面的莱克夫人突然惊叫起来,循声望去,只见阵阵烟雾从莱克夫人的口鼻中喷出来,接着就闻到一股烧焦的肉味。后来,伊尔福德教授回忆此事说:"莱克夫人一开始走在队伍的最前面,我们并没有发现任何异常,燃烧是渐渐发生的,那套耐高温衣服完好无损,莱克夫人却化为灰烬。"加拿大物理学院的布鲁斯特教授说:"自燃现象是人体内部的原因造成的。"伊尔福德反对这种意见,他认为这是外部原因所致。此后,从 1984~1992 年,共有 6 个考察队前往火炬岛,每次都有人丧生,因此当地政府严禁任何人进入火炬岛。

如今火炬岛已经人迹罕至,虽然人们对它依旧充满着好奇,但却没人再敢去揭开谜团。

死亡之角

"死亡之角"原名是巴罗莫角,位于加拿大北部的北极圈内。它是一个锥形半岛,连接着帕尔斯奇湖岸,大约有3千米长。这个小岛到19世纪末一直是人迹罕见。直到20世纪初因纽特人亚科逊父子因为捕捉北极熊而踏上巴罗莫角。当时巴罗莫角已经天寒地冻,小亚科逊为追逐爬上岛的北极熊而比父亲先登上巴罗莫角,但是小亚科逊刚一上岛便大声叫喊,让父亲不要上岛。亚科逊从儿子的语气中感觉到了恐惧和危险。他以为岛上有凶猛的野兽或者有土著居民,所以也不敢贸然上岛。亚科逊等了许久,因不见儿子出来,便回去找来6个人一起上岛,其中只有一个叫巴罗莫的没有上岛。而那些寻找小亚科逊的人上岛后也一起失踪了,没有人知道他们的下落。不得以巴罗莫独自回去了,他遭到了包括死者家属在内的所有人的指责和唾骂。自那时起人们便将将巴罗莫角称为"死亡之角",也再也没有人敢去那岛了。

直到1972年,由美国探险家诺克斯维尔、电台主持人默里迪恩拉夫人等组成了四人探险组去巴罗莫角探险,他们在巴罗莫角发现了一架白骨,诺克斯维尔观察白骨的时候忽然无法站起来,就像被磁盘吸引住了,他让同伴们赶紧离开。但是这四个人中的特雷霍特也被吸引住了,根本无法移动一步。默里迪恩拉夫妇在看到特雷霍特和诺克斯维尔的皮肤忽然消失,继而死亡后,慌忙逃离了这个恐怖的死亡之地。默里迪恩拉事后推测巴罗莫角的引力是会转移的。

1980年4月,美国著名的探险家组织——詹姆斯·亚森探险队前往巴罗莫角,这支探险队中有地质学家、地球物理学家等。他们对磁场进行了鉴定,还对周围附近的地质结构进行分析,没有在巴罗莫角找到地磁证明。他们认为,巴罗莫角与世界上其他几个死亡谷极为相似。这里生活着各种植物禽兽,但人若进入则必死无疑。亚森探险队的一位队员阿尔图纳,不顾众人的反对,要做一次献身实验。阿尔图纳在身上拴了一根保

险带和几根绳子,又在全身夹了木板,然后走进巴罗莫角。他与同伴约定,只要他一发声,大家就立即将他拖出险地。但这一次说来很怪,阿尔图纳一直走了近500米的路,也未发生危险,只是后来大家怕一起陷入危险,导致无谓死亡,便将阿尔图纳强行拖了出来。尽管这次探险还是没有为巴罗莫角的奇怪现象找到答案,但有人说这个试验可以证明默里迪恩拉的推测是有道理的,即巴罗莫角的引力是移动的,不定时发作的。

也有人认为这个实验并不能证明巴罗莫角的引力是会移动的,它还缺乏科学依据。因为如果引力会移动,为什么只在巴罗莫角存在呢?是它处在地球特殊的位置吗?毕竟现在不管是重力失常,还是引力移动在地球上的自然环境中都是没有被科学论证的。

山地红雪

雪通常是白色的,但是中国登山队员和科学考察者登上喜马拉雅山5000米高峰以上的冰锥表面和雪地,映入眼帘的一望无际的冰雪却点缀着血红色和玫瑰色,红白构成了自然界最美丽的画面,这红雪是怎么回事呢?

科学家调查,喜马拉雅山上的红雪是由雪衣藻、溪水绿球藻和雪生纤维藻等藻类组成的。藻类是低等植物,它们具有色素,能进行光合作用。由于它们所含的色素比例不同,能呈现不同颜色。这些雪藻含有特殊的色素——血色色素。当一望无际的冰雪被这些雪藻染成血红色后,在阳光的照射下,使被覆冰川和瑞雪的喜马拉雅山,更加美丽。在永久性的冰雪中,它们分布广,耐寒性强。-36℃也不至于死亡,但在4℃以上却很难生存。

这些雪生藻类生长的适宜温度是0℃左右,常常在夏季冰雪融化时生长最好。它们是怎样获得养料并抵抗低温而生活的呢?雪藻周围的湿空气可能是矿质盐类的主要源泉。由于它们含有特殊的血色色素,能吸收短波长的紫外光和蓝色光等,提高光合作用能力,制造大量可溶性糖,

奇妙的山地红雪

降低细胞内含物的冰点,使细胞的胶体结构在低温下不起剧变或被破坏,从而提高了抗寒能力,还有的含有较高的脂肪,这些都可能是雪生藻类在低温的冰雪中能生活的原因,在漫长的历史演变上,它们获得了这一特性,成为高山冰雪的征服者,也形成了山地红雪的壮观景色。

消失的冰川湖

2007 年,在智利南部的安第斯山脉,一个面积为 20234 平方米的冰川湖突然消失。据说 3 月份冰川湖还存在,但是 5 月份就只剩下了一个 30 米深的大坑。随后智利组织科学家进行考察。他们发现冰川湖的湖底出现可疑裂缝,因此有学者提出,这个冰川湖的水由湖底裂缝流入了地下,最终造成这个冰川湖的消失。但是专家们却不明白裂缝从何而来,因为该地区最近并没有发生过地震,而且位于冰川湖下游的河流流量也骤

神秘消失的冰川湖

然减小。

直到现在也没有人搞清楚那些冰水到底去了哪里。

百万蜜蜂大死亡

2007年,有关媒体报道,加拿大安大略省尼亚加拉瀑布地区有百万只蜜蜂突然死亡。虽然蜜蜂在过冬期间死亡属于正常现象,但是从来没有这么大数量的蜜蜂突然死亡。有人猜测是杀虫剂的过多使用造成了蜜蜂的死亡,也有人说是天气恶劣的原因,还有人认为是手机的使用对蜜蜂造成了致命的辐射,才导致大批的蜜蜂死亡。而且许多成年蜜蜂无故消失,蜂农说蜜蜂一般消失一段时间后会再回来,但此次却不然,消失的成年蜜蜂未再回来。

安大略省养蜂专家杜森说,成年蜜蜂消失的原因可能与神经中毒有关。而蜜蜂神经中毒又与杀虫剂使用有关。

直到现在,这些蜜蜂死亡的原因还是一个谜团。

巨型海啸残骸体之谜

汤加位于南太平洋西部,是一个群岛国家。2008年据美国一家网站报道,地质学家在汤加西部海岸——汤加布塔岛发现高达9米,重量约1600千克的巨大海啸残骸体。它可能是目前世界上最大的海啸残骸体。这种残骸体又被称为"漂砾"(漂砾是冰川熔化后沉积下来的巨大的石块,上面常有冰川擦痕)。在这些巨大的海岸岩石上面还长满了绿色植物。不过,它并不是形成于汤加布塔岛。地质学家说它是由吹向海岸的暗礁物质构成,完全与该岛的火山土壤不同。也就是说这些漂砾是从其他地方"滚"到汤加布塔岛的。由于汤加布塔岛地势平坦,这些如房屋般大小的残骸体才没有"滚"到其他的地方去。据悉,汤加布塔岛漂砾几千年来一直处于"飘动"状态,它还曾到过干旱的岛屿。

那么这些巨型的漂砾是从何而来的呢?地质学家称,它可能是由水下火山或海底滑坡引起的海啸冲击过来的。因此,有人推断这些海啸残骸体是1883年喀拉喀托海啸时由海浪冲到岸上来的,当时海啸中的海浪高度可达到35米。但并不是一次海浪冲击就形成的,而是由多次海浪席卷到岸上,堆积在一起形成了今天的容貌。还有一种可能是特大暴风雨将漂砾冲到海岸上来的,但是到目前为止,还没有能够将这些巨块的漂砾移动的暴风雨。也有人猜测是巨大的海底崩塌形成了海啸,但是科学家分析附近的海底地质结构后说,火山两侧的岩石崩塌才最有可能造成这么大力量和规模的海水冲刷。

这些巨型漂砾到底是怎么上了汤加布塔岛,目前还在研究中。

奇特的粉红云彩

2007年,在英国伦敦发生了一件怪事。在傍晚的天空中有粉色云彩出现,时间持续不到1个小时,而后这些粉色的云就慢慢分解,直至消失。这让当地的居民迷惑不解,不知道这种神秘的粉红色的云从何而来。

据研究人员说,漂浮在天空中的云层是由许多细小的水滴或冰晶组成的,有的是由小水滴或小冰晶混合在一起组成的。有时也包含一些较大的雨滴及冰粒、雪粒,云的底部不接触地面,并有一定厚度。云的形成主要是由水汽凝结造成的。虽然粉色云彩出现于日出或日落时并不为奇,但这种现象现在还无法得到满意地解释。

有人认为这是一种正常的大气现象;有人认为这是乳腺癌警示组织搞的宣传活动,因为这个组织的标志是粉红色的;也有人认为这是歌星在为自己的新专辑做宣传活动;甚至有人认为这是不明飞行物UFO飞行时造成的,这粉色的光正是外星人飞行器在空中留下的尾迹。

在排除大气现象和UFO的因素后,英国气象局的人认为,这是一种云层反射光线的现象。在高层云和低层同时出现的傍晚,低层云会反射来自城市各个方向的粉红色和橙色的光线,这些光线在黑暗的夜空会变得特别明显。但是,这种说法一直遭到质疑,这种粉红色的云彩究竟是怎么形成的,还有待更详细地解释。

俄勒冈漩涡

在美国俄勒冈漩涡格兰特狭口外沙甸河一带,有一座特别古老的木屋。这座木屋盖得十分倾斜,人们只要往木屋里一走,立刻就会感觉到好像有一股巨大的吸引力把人们往里边拉。如果人们想后退,就会感觉到吸引力愈强。

另外,在这座木屋方圆50米之内,有动物靠近,也会被吸引。这个古

探索地理的奥秘

TANSUO DILI DE AOMI

怪的地方,就好像有一股巨大的漩涡将所有靠近它的物体都吸进去,所以人们叫它"俄勒冈漩涡"。

那么,俄勒冈漩涡为什么会这样呢?为什么会产生这么奇怪的现象呢?科学家们为了解开这个谜团,对俄勒冈漩涡进行了仔细地观察和研究。

科学家们做了这样一个试验。他们用一根铁链子拴上一个有6.5千克重的钢球,把它吊在木屋的横梁上。结果,他们发现这个钢球根本不能垂直地吊在空中,却倾斜着往"漩涡"的中心晃动。科学家们看到这种情况,就轻轻地推一推这个钢球,只见钢球一下子就被推到了"漩涡"的中心。可是,科学家们再想把钢球拉回来,却费了好大的力气。

这也就是说,"俄勒冈漩涡"的吸引力是存在着的。但是这种吸引力是什么发出的呢?是磁力异常的地带还是地心引力失常所致呢?直到现在,科学家也没有弄清楚俄勒冈漩涡是怎么产生的。

恐怖的恶魔岛

在广阔的北大西洋上,有一座属于加拿大的萨博岛。它的面积虽然只有几平方千米,但却是一个可怕的小岛,被人们称为"恶魔岛"。

为什么这个小岛这么可怕呢?这是由于近300年来,该岛周围的海面上成了死亡之地,前后有大小500余艘船只莫名其妙地失去控制而遭到沉没的厄运。1万余名水手、乘客、渔民葬身大海。

有幸的逃生者形容当时的情景说,当行驶的船只靠近"恶魔岛"时,人们就会听见一阵令人心悸的哭声或呻吟声,有时还会看见一艘模样恐怖的"鬼船"在迷雾中疾驶而来。这时,船只就犹如陷入漩涡一样失去了控制。

加拿大政府告诫来往的船只,恶魔岛是比百慕大三角还恐怖的地方,最好是对此海域"敬而远之"。

庐山佛灯之谜

佛灯是我国的一个奇景,不仅在庐山,而且在峨眉山、青城山等地都有传说中的佛灯存在,但佛灯究竟是什么呢?

在农历十五前后,站在庐山大天池西侧的文殊台上就可以看到"庐山文殊台佛灯"这一奇观。

待明月悬空,星辰映亮天空时,大天池山麓中黑色的山谷间飘浮着的薄雾中有时会突然涌现出数十点忽明忽暗的亮光。这些亮光时大时小,时聚时散,时明时灭,时东时西,宛若放起的无数彩灯在迷雾中闪烁。

清朝蒋超曾记下他亲眼目睹佛灯的景观:"乍见一二荧荧处……未几,如千朵莲花,照耀岩前,有从林出者,有从云出者,有由远渐近,冉冉而至者,殆不可数计。"

而关于庐山佛灯的形成,自古至今说法不一。

南宋诗人范成大在《青城行记》中记述:"夜有灯出四山,以千百数,谓之圣灯。圣灯所至,多有说者,不能坚决。或云古人所藏丹药之光,或谓草木之灵者有光,或又以谓龙神山鬼所作,其深信者,则以为仙圣之所设化也。"也有古人认为是因庐山千年积雪凝结所致。

近人的解释也是各种各样:有的说是山下灯光的折射,有的说是萤火虫在山下飞舞而形成的,还有的说是山中蕴藏着能发出荧光的矿石。最普遍的是磷火说,即"鬼火"。人们认为是山中数千年来死去的动物骨骼中所含的磷质,或含磷地层释放出来的磷质,在空气中自燃所造成的。但有的研究者认为,磷火说的破绽也不少。一是磷火多贴近地面缓缓游动,不可能上升很高,更不会"高者天半"或"有从云出者";二是磷火的光很弱,而庐山文殊台和青城山神灯亭的海拔都在千米以上,峨眉金顶更超过3000米,不可能看得那么清晰。

当过海军航空兵的郭宪玉认为佛灯是"天上的星星反射在云上的一种现象"。因为夜间无月亮时,若驾驶飞机在云上飞行,铺天盖地的云层就像一面镜子，从上向下看，不易看到云影，只看到云反射的无数星星。飞行员在这种情况下易产生"倒飞错觉"，就是感到天地不分，甚至感到是在头朝下飞行。由此他联想到在月明星灿的夜晚，若有云层飘浮在庐山大天池文殊台下，天上的星星反射在云上，就有可能出现佛灯现象了。由于半空中的云层高低不一，飘移不定，所以它反射的荧荧星光也不是固定的。也许在这个角度反射这一片，在那个角度就反射另外一片，从而造成佛灯闪烁离合、变化无穷的现象。

然而，为什么在其他山区就不能见到这种云反射星光的现象呢，而且就是在庐山、峨眉山和青城山上，也只有特定地点才能一窥佛灯的风采，可见这种说法尚不足以定论。

也有人认为文殊台紧靠石门涧，石门涧是飞驰跌入谷底的瀑布。佛灯就是由于石门涧瀑布飞溅的水花洒在山谷的云雾中，增加了云雾的湿度，云雾中含的水分增多、密度扩大，在月亮和星光的辉映下产生了反射，因而呈现闪烁的亮光。另外，有人曾经发现庐山的一种菌类遇水发光，含水量越高它的亮度也越亮，因此这些人将佛灯归为生物现象；还有人说庐山出现佛灯的地方，正是由石英岩状砂岩组成的，并有小水晶和活动断层，在月光的照射下小水晶可以发出亮光，故而也有人将佛灯归为地理原因。

不过这些说法都没有科学的佐证，佛灯为何会出现还是一个有争议的话题。

奇异的地质谜团

地球未来的命运

人类已经探得地球有 46 亿年的历史了，对于这个数字，科学家形象的将现阶段的地球比喻为正处在人类的壮年时期。世上万物都有老、死的时刻，地球会不会也有那一刻呢？几乎所有的人都对这一问题感兴趣。如果地球有一天走向毁灭，人类又该怎么办呢？

很多的天文学家和科学家都对地球未来的命运做了推测。英国天文学家伊恩·罗宾逊通过观察双鱼座两个银河相撞最终形成一个新的星系后称，银河系可能也会与正在靠近它的仙女座星云融合成新的星系，而地球也不会逃脱这样的命运，最后可能会因为星球碰撞而爆炸或因为轨道改变而变成一颗死星球。但是罗宾逊说这样的可能离人们还很遥远。2004 年，有科学家预言地球还能存在 240 亿年。因此，如果有这一可能，240 亿年以后人类的知识科技水平或许可以改变地球的命运。

有一部分科学家相信地球最终会被太阳毁灭，他们估计在数十亿年间，太阳将变得比现在大 10%，地球上的海洋将被炙热的太阳蒸发干，生命无法生存。再经过 60 亿年，因膨胀变得非常大的太阳将把地球推离自己的轨道，让它达到致命的高温，最终走向灭亡。即使地球逃过被太阳吞噬的命运，它也会被太阳烤焦，生命也将不复存在。

还有一部分人说地球将变成一颗恒星。因为地球的半径正在变大，海洋的水位在不断地上升，几亿年以后地球围绕太阳的公转将越来越难。据科学家估计，1亿年后地球上的一天将变成25小时。当地球的质量增长到某一水平的时候，地球内部会发生热核反应，它的温度也将变成现在太阳的温度。那时，地球将变成一颗生物无法生存的恒星。

总之，大多数科学家都相信地球将难逃毁灭的厄运或变得不再适合任何生物生存的星球。不少人提出过人类在那时将可能寻找到新的适合生存的星球，但目前为止，我们还未发现除地球外任何适合生命存在的星球。而且在未来，人们还要面对地球上更恶劣的环境，英国宇宙学家马丁·里曾提出地球在未来200年内将面临的十大灾难，人类能够幸免的机会只有50％。它们分别是：粒子实验可以吞噬地球；机器人接管世界；纳米机器人的自我复制难以阻止；生化武器的危害离人类并不遥远；毁灭性超级火山的爆发；地震引发世界经济危机；小行星撞毁地球概率大过彩票中大奖；热死地球的温室效应日益明显；战争和核武器；大自然的不可抗力。

现在有很多信息显示由于温室效应，冰岛的冰川已经开始熔化，北极也首次出现了因为冰川熔化而成为孤岛的现象。这些都说明地球未来的命运让人堪忧。也许等不到地球自己毁灭的时候，人类就已经将地球提前变成了寸草不生的"死亡星球"。

地球多大了

我国古代推测地球的年龄是,"自开辟至于获麟(指公元前481年),凡三百二十六万七千年"。这当然是不准确的数字,那么地球的年龄究竟是多少呢?

人们最初想到的是海水,海水是咸的,其中的盐被设想是从大陆上被带进海洋的,现在河流还在不断地将大量的盐分带入大海中。那么用海中现有盐分的总量除以每年全世界河流带进海中的盐分的数量,这不就可以算出地球的年龄了吗?计算结果表明,大约已有1亿年。但这个数字显然不是地球的真实年龄,因为在海洋出现以前,地球就已经诞生了。而且每年河流带入海中盐分多少并不一样。另外,海中的盐有一部分会因海水被风吹到岸上,返回大陆。

科学家后来又利用海洋中的沉积物来计算地球的年龄。随着时间的推移,沉积物会愈来愈厚,而且大量变成了岩石——沉积岩。据估计,每3000~10000年可以造成1米厚的沉积岩。而地球上各个地质时期形成的沉积岩,加在一起约有100千米厚。形成时间大约需要3亿~10亿年的时间。但是在沉积作用之前,地球也早已形成,因此这个说法也不确切。

19世纪,达尔文提出进化论以后,人们发现了通过对生物化石的研究来确定岩石相对年龄的方法,但是用这种方法还是无法测算出地球真实的年龄。1854年,德国科学家赫尔姆霍茨根据对太阳

能量的估算,认为地球的年龄不超过 2500 万年。1862 年,英国物理学家汤姆生说,地球从早期炽热状态冷却到如今的状态,需要 2000 万～4000 万年。但这些数字都远远小于地球的实际年龄。

后来科学家发明了同位素地质测定法,这是测定地球年龄的最佳方法,是计算地球历史的标准时钟。1896 年,法国的物理学家贝克勒尔发现铀具有天然的放射性,随后英国的物理学家卢瑟福提出并证实放射性元素的原子会蜕变,即自行分裂为另外的原子。例如原子量为 238 的铀,蜕变的最后结果是产生出氦和原子量为 206 的铅。这种铅比原子量为 207 的普通铅重一点,但都在元素周期表上的同一位置,被称为铅的同位素。人们还发现这些放射性元素蜕变的速度不受外界的影响,稳定不变,不过蜕变的速度和产物各不相同;铀 238 是 45.1 亿年变掉一半,这个时间被称为铀 238 的半衰期。因此只要根据一块岩石中含有多少铀及从这些铀分裂出来的铅,就能够算出这块岩石的年龄。现在已知的最古老的岩石,是 1973 年在格陵兰发现的,年龄有 38 亿年;1983 年又在澳大利亚找到几粒年龄有 41 亿～42 亿年的矿物颗粒。这表明距今 40 亿年前后,地壳已开始形成。但是最古老的岩石也并不代表地球的整个历史。这是因为地球在诞生的初期是一个炽热的熔融球体,最古老岩石是地球冷却下来形成坚硬的地壳后保存下来的。

还有人根据地球诞生时与月球的位置最近的假说,从月球由原来离地球最近时的位置退到现在的位置所需的时间推算出,地球年龄约为 40 亿年。

20 世纪 60 年代末,科学家测定各类陨石以及取自月球表面的岩石标本发现,它们的年龄都是 45 亿～46 亿年。这说明太阳系中这些天体是同时形成的。但也有人说这是依靠间接证据推测出来的。而至今人们还没有在地球自身上发现确凿的"档案",来证明地球的年龄是 46 亿年。

消失的雷姆利亚大陆

雷姆利亚大陆和亚特兰蒂斯大陆、姆大陆一起,被称为消失的三大文明内陆。

19 世纪英国地质学家菲力浦·斯科雷特曾假想有比位于古代印度洋和太平洋之间的亚特兰蒂斯更早存在的拥有高度文明的大陆,为连接古代印度与马达加斯加之间的"地桥"——雷姆利亚大陆。传说这块大陆上的居民具有非凡智慧,后由于地壳变动约在地球第三纪初期(3400 万年前)开始沉没,大约 300 万年前完全沉没在印度洋。虽然这只是个假想,但从此以后"雷姆利亚"成为人类从伊甸园中的更高级生命体堕落而来的假想理论之基石。

1912 年,德国地球物理学家、气象学家阿尔弗雷德·魏格纳提出了著名的"大陆漂移说"。他认为大陆和海洋分别由质地不同的花岗岩和玄武岩构成。因此在很长一段地质年代里,大陆一直在海洋上漂移,不断发生分离、结合,从而形成今天地球表面陆地与海洋的分布状况。魏格纳认为,在古生代,大陆是一个整体;中生代(恐龙时代)发生漂移;新生代第四纪冰川来临时,发生分裂。假如魏格纳的论点成立的话,那么分离的陆地之间分布着不同的生物也就不难理解,"地桥"——雷姆利亚大陆根本也就不可能存在。

尽管如此,人类对雷姆利亚文明的探索仍没有因此而终止。对于雷姆利亚大陆进行最系统探讨的是路易斯·斯潘斯。他在《雷姆利亚问题》的专著中提出了两个雷姆利亚大陆的假说:其一是从印度洋横向延伸到太平洋;另一个是从印度洋倾斜延伸到太平洋。

斯潘斯发现大洋洲民族在人类学上和地理上的分布是一致的。密克罗尼西亚分布着印度尼西亚人种,夏威夷、波利尼西亚和新西兰分布着波利尼西亚人种;所罗门、斐济分布着美拉尼西亚人种。他认为,这种分布意味着雷姆利亚大陆并不是一个独立的整体,而是由 2 块夹着狭窄海沟的陆地构成，一块陆地包含新喀里多尼亚、苏门答腊岛等；另一块陆地包含夏威夷群岛、新西兰岛、萨摩亚群岛、社会群岛等。

斯潘斯认为，雷姆利亚大陆的原始居民是白种人，拥有高度发达的石器文明。众多岛屿上遗留下来的石头建筑便是最好的说明。

至于大陆沉没后，这个大陆居民的去向，斯潘斯认为，雷姆利亚大陆沉没后，这个民族经过亚洲，移居到欧洲，残留下来的人们在恶劣的条件下逐渐退化。此后，波利尼西亚、密克罗尼西亚、美拉尼西亚的居民的祖先相继来到这里，与雷姆利亚大陆的居民融合。

而前苏联语言学博士、地理学会员亚历山大·孔德拉特夫在其著作《三个大陆的秘密》中，从语言学角度探讨了南亚德拉维达语系与雷姆利亚大陆的关系。通过将印度文明中代表性的遗址摩亨佐—达罗、哈拉帕出土的印章和护符中的象形文字输入电脑，与其他地区的语言进行比较后发现，它们吸收了苏美尔人的语言，与德拉维达语最为接近。因此他认为印度文明与苏美尔文明起源于同一个文明，而这个更为古老的文明正是来自雷姆利亚。

1968 年，美国斯库里普斯海洋研究所对印度洋中央海岭进行了科学调查，发现大西洋底部有 4 条南北走向的大海岭，其中 2 条大海岭今天仍在不断增大。地质学家不禁发问，活跃的海岭与不活跃的海岭为何能同在一个大洋底部呢？马达加斯加岛、塞舌尔群岛，以及澳大利亚西部的布罗肯海岭作为古大陆的一部分，是怎样从周围的大陆中分离开来的？后来根据印度洋底部地形最为复杂的西北部马斯卡林海域进行钻孔地质调查结果显示，这一带海底下沉了一千几百米，而这是在数千万年的地质年代里发生的。如果按照板块结构理论来看，喜马拉雅山与印度洋是由于共同的成因形成，即印度板块向正北方向移动约 5000 千米，与亚洲板块相撞，形成巨大的喜马拉雅山。而地质学家对印度洋海底地壳勘探结果表明这一带地壳活动频繁，有些部分持续下沉，有些部分在不断增长。那么，这些缓慢不断的变化是否可以作为雷姆利亚大陆曾经存在的一个有力证据？

也有人认为人类史上，最古老的文明发祥地"印度河流域的文明始祖"，很可能就是沉没于印度洋中的雷姆利亚王国。另外一处文明发祥地是底格里斯河。他们认为雷姆利亚大陆的居民通过在底格里斯河、幼发拉底河注入的波斯湾至阿拉伯海、红海一带贸易，给予这一带非常大的影响。

还有人认为雷姆利亚大陆很可能是循序渐进地下沉，而不是忽然沉没的。根据板块移动的理论，今天的大陆是缓慢分裂、撞击形成的。那么雷姆利亚大陆沉没的时间是不是要提前数百年？甚至数千年呢？难道雷姆利亚大陆的沉没也与外来星球相撞有关？而另一个问题也需要我们探索，拥有高度文明的雷姆利亚大陆的居民又都去了哪里了呢？不可能都灭绝了，也有人认为在雷姆利亚沉没的过程中，生长于雷姆利亚大陆的哺乳类和猿人类，相继移居到离雷姆利亚大陆最近的非洲和印度，继而分散到世界各处。

姆大陆失踪之谜

传说在太平洋也有一块沉没的大陆——姆大陆。最先提出姆大陆存在的是英国人种学家麦克米兰·布朗，后来英国学者詹姆斯·乔治瓦特对姆大陆进行了一系列研究，发表了许多相关著作，为后人研究姆大陆留下了丰富的材料。

据乔治瓦特分析，姆大陆是一块东西长 7000 千米，南北宽 5000 千米，总面积约为 3500 万平方千米的大陆。在这里居住的人们拥有高度的文明和智慧，并在姆大陆建立了一个庞大的"姆帝国"。依据他的描述，姆帝国的城市都是石板大道和运河，宫殿墙壁上满是金属装饰。姆人运用他们高超的智慧和航海技术还开辟了海外殖民地。为了向海外发展，姆帝国派出了卡拉族人、维吾尔族人和那卡族人分别向东西出发。卡拉族人到达了美洲创建了"卡拉帝国"，维吾尔族人到达了东亚创建了"维吾尔帝国"，那卡族人到达印度建立了"那卡帝国"。由于那卡族人的科学技术水平超过姆大陆,他们发明了会飞行的机器,经常将金银珠宝带回姆帝国。

但是灾难也随之来临,因为这场灾难来得太突然,不少记录都说是神的惩罚。整个大地、城市、森林和人都被这场灾难吞噬了,最后姆大陆被熔岩汇聚成的深渊吞没。随后姆大陆人在其他大陆建立的国家也受到了冲击。大地隆起,城市被毁,人们又回到原始生活。有人说,印度神话的空中战争等就是那卡帝国发生了内乱的历史记录,那卡帝国最后也被他们自己创造的发达文明所毁灭。

乔治瓦特称姆大陆的文明形成于5万年前,距今1.2万年被太平洋吞没,与亚特兰蒂斯是同一个时期沉没的。据说,乔治瓦特是在印度寺庙的一些古黏土板上的图案记载发现姆大陆的传说,以后他又去太平洋沿岸考察,发现都流传着关于"姆大陆"的传说。但也有许多人不相信存在姆大陆。因为很难想象数万年前会存在这么庞大的世界帝国,而古黏土板存不存在也没有人知道,他们认为姆大陆不过是一种幻想的大陆。

而相信姆大陆存在的人却举出许多实例加以证明。比如柏那贝岛上的南玛塔尔。它由98个岛组成,这些岛上都是人工建筑,岛与岛还有运河相连,就像古老的水上城市的遗址。此外,土亚摩土群岛上与玛雅金字塔极为相似的祭坛、努克喜巴岛石像等,这些距离遥远的小岛遗迹,竟有着明显的相似点,而且各岛都有着大陆沉落的传说。

此外,考古学家在密克罗尼西亚群岛的附近海底发现了保存得相当完整的街道、石柱、石像和住宅。他们还在海底捞出了黄金和饰品。而太平洋中的许多岛屿上都留有巨大的石头平台、石头城遗址、石头雕像等。显然这不是现在的人类祖先可以创造出来的,因此学者们提出了史前文明,并猜测这里可能就是消失的姆大陆。而"姆大陆"沉没的地方,自古以来就经常发生神秘的失踪事件。船只和飞机一旦进入这里的水域时,就会出现罗盘失灵、无线电通讯故障或中断等现象。有人甚至想象,大洋海底可能隐藏着姆大陆文明留下来的核防卫系统,导致

了这些事故。

如果存在姆大陆,姆大陆又是怎么沉没的呢?有人说是火山爆发;有人说是冰川时期,海平面上升,姆大陆被淹没;更有人说是在姆大陆上发生了一次核爆炸,将整个姆大陆毁灭了。还有人猜测南极洲就是消失的"姆大陆",因为南极洲以前曾经是适合人类居住的地方,不少的科学家相信南极洲曾经有过先进的史前文明,而这文明可能就是"姆帝国"。

南北极为何会翻转

地球的磁场并不是从形成时就一直不变的。科学家说地球的南北磁极曾经发生过对换,即地磁的北极成为地磁的南极,地磁的南极变成地磁的北极。这就是"磁极倒转"。

人们在世界各地记录当地的地磁场方向和强度。后来科学家们又发现在火山熔岩和大陆与海底的地质沉积物当中,能够找到更加久远的历史上的地磁记录。所有这些数据都告诉我们,地球磁场的空间分布非常复杂,反映了它的产生机制也非常复杂,决不是可以简单地想象为由一根南北向的磁铁棒所发出的;而地磁场的方向与强度在漫长的历史当中随着时间而发生的变迁,也是充满了未解之谜。

在地球演化史中,"磁极倒转"事件经常发生。仅在近450万年里,就可以分出4个磁场极性不同的时期。有2次和现在基本一样的"正向期",有2次和现在正好相反的"反向期"。而且,在每一个磁性时期里,有时还会发生短暂的磁极倒转现象。

地球磁场的这种磁极变化,同样存在于更古老的时代。从大约6亿年前的前寒武纪末期,到约5.4亿年前的中寒武世,是反向磁性为主的时期;从中寒武世到约3.8亿年前的中泥盆世,是正向磁性为主的时期;中泥盆世到约0.7亿年前的白垩纪末,还是以正向极性为主;白垩纪末至今,则是以反向极性为主。如果把地球的历史缩短成一天,在这天你会发现手上的指南针会疯了般地旋转。

地球为什么有磁场？磁场又为什么会反转？目前有两种解释。

第一种解释：地球磁场变化可能与来自地下的低频辐射有关。

科学家发现来自地下的低频辐射与一些神秘的事故存在密切关系。现在尚不清楚产生这种辐射的确切原因，但科学家估计可能是地壳运动的结果。当地壳剧烈运动时，电磁粒子就会从地下逃逸出来。检测显示，当这种辐射爆发时，交通事故和求医看病的人会明显增多。

科学家还观察到地球磁场出现了空洞，由此推断地球磁极可能会在不久的将来改变方位。事实上，现在北磁极就在向西伯利亚方向移动，南磁极则移向澳大利亚海岸。科学家推断磁极1.5万年才会易位一次，每次都造成大批动物死亡，恐龙、猛犸象很可能就因此灭亡，大西洋一些神秘沉没的海岛也可能与磁极易位有关。

地球上还有不少黑暗地带，在这些区域里事故频发，人体器官也会严重受损。科学家认为这也是辐射在"搞鬼"。在地质断裂带及不同层面的地下水流交汇地区，磁场会出现异常变化，这种变化甚至对大气电流都有影响。研究显示，只有5%的人对地下辐射具有抗干扰能力。

第二种解释：地球是一个巨大的"发电机"。

矿物可以记录过去地球磁场的方向，人们利用这一点，发现在地球45亿年的生命史中，地磁的方向已经在南北方向上发生翻转好几百次了。不过，在最近的78万年内都没有发生过反转——这比地磁反转的平均间隔时间25万年要长了许多。更有甚者，地球的主要地磁场自从1830年首次测量至今，已经减弱了近10%。这比在失去能量来源的情况下磁场自然消退的速度大约快了20倍！下一次地磁反转即将来临吗？

一些地球物理学家认为，地球磁场变化的原因来源于地球中心的深处。地球像太阳系里的其他某些天体一样，是通过一个内部的发电机来产生自己的磁场。从原理上，地球"发电机"和普通发电机一样工作，即由其运动部分的动能产生电流和磁场。发电机的运动部分是旋转的线圈；行星或恒星内部运动部分则发生在可导电的流体部分。在

地心,有着 6 倍于月球体积的巨大钢铁融流海洋,构成了所谓的地球发电机。

认为地球磁场是地球内部液态铁质流围绕着地核中心倒转产生的。当地球内部的液态铁流发生某种变化时,就可能导致流动方向的 180 度倒转,从而使地球磁场发生倒转。

而两极倒转过程中磁场消失的时间有多长,也一直是科学家们争议的焦点。一部分科学家认为,地球磁场消失的时间将持续几千年,在这几千年内,地球将完全暴露在太阳辐射的致命"烧烤"中。然而另一些科学家则认为,地球两极磁场倒转导致的磁场消失最多只会持续几个星期。由于地磁还不能被我们完全熟知,所以这些问题还没有准确的答案。

大洋之间的过陆桥

在 19 世纪初,人们就注意到隔着大洋的大陆上的物种十分地相似甚至完全相同。根据同一物种有同一起源的观点,这些动物又是怎么渡过广阔的大洋到达另一个大陆的呢?

为了解释这个现象,20 世纪初有学者曾提出"陆桥说"。该学说认为,大洋中曾存在一些狭窄的好像桥一般的陆地,称为"陆桥",生物正是通过这种陆桥从一块大陆来到另一块大陆的。后来,地壳变动,陆桥被海水淹没,但人们仍然可以根据一些分散的小岛和水下高脊发现它们的踪迹。

但德国学者魏格纳提出的大陆漂移说却不同意这个观点。他认为这些生物并不是通过陆桥迁移,而是随着大陆漂移,漂到了那里。

19 世纪 50 年代,美国哈佛大学的著名植物学家阿瑟·格雷,在研究了大量的东亚植物标本,并对照了北美的植物后,产生了一个很大的疑问,为什么亚洲东部的植物种类与远隔太平洋的北美西部植物十分相似,而比较接近的北美东部植物与北美西部植物的相似程度反而不及前者,这是什么原因呢？有人说，利用大陆漂移说可以解释这一切。

不久，日本东京大学的前川文夫根据大陆漂移学说提出，北美西部和亚洲东部在很久以前是连在一起的，所以它们的植物种类才相同。后来经过漂移，两块大陆分离，虽然隔了一个太平洋，但它们都具有共同的植物祖先。20世纪60年代以后，"板块构造"学说的兴起，使魏格纳的大陆漂移说得到了广泛地支持。因此，陆桥说便被人们所遗忘。

大洋陆桥真的不存在吗？我国学者刘时藩对此有不同的看法。他指出，尽管大陆漂移说今天已获得了许多重要的证据支持，但陆桥说也并不是完全没有道理。特别是新生代以来的一些生物化石，所以能在不同的大陆出现，就是通过陆桥迁移的。如我国、日本和北美等地都产有相同的新生代淡水鱼类，这显然无法用大陆漂移说来解释。因为据大陆漂移学说，新生代以来大陆早已在相互漂离，所以这些淡水鱼的扩散只有通过假定陆桥才能游到北美等地区，这样才能做出合理地解释。

刘时藩又说，虽然假想的"陆桥"人们并没有找到，但人们发现今天各大洲都有些浅海区相连，如亚洲东北部与北美洲之间的白令海峡，最深处只有52.1米，最浅处不过10多米；亚洲大陆与苏门答腊岛之间的马六甲海峡，最深处是113米，但绝大多数地区水深不过几十米；澳大利亚与新西兰之间的托雷斯海峡最浅处仅5米。因此，只要海水面比现在下降100米，这些陆块之间便会出现陆桥。人们就推测，在第四纪冰期最盛期，由于大量的水变成冰，海平面很有可能出现比现在低100米的局面。因此，不难设想，在第四纪冰期最盛期，除南极洲外，地球上各大洲均可连成一片，相互沟通。但是事实是否真的是这样呢？还有待人们的进一步证实和探索。

探索地球的秘密

地球的核心是什么？

地心距离地球表面有6640千米。地球上的一切有生生物都生活在

地心上面厚达约 2897 千米的岩石层上,这些岩石层形成了地球的外壳和地心的覆盖物。那么,地心和地壳之间有什么物质呢?是一片岩浆。但科学家不能确定这片岩浆具体由何种物质组成,以及会对周围环境产生怎样的影响。

北极的位置在变化

也许你不会相信,地球的北极正向南移动,而这一切还与地震有关。世界范围内不断发生的地震,正把北极朝日本方向缓缓推移。

意大利博洛尼亚大学的斯帕达·查奥发现,北极南移是很多次的大地震造成的。世界上大多数大地震都发生在环太平洋地区,这些地震促使北极向震中倾斜。查奥及其研究小组发现,1977 年以来的地震已使北极地带以每年约 0.6 毫米的速度朝日本方向移动。而在过去的 1 个世纪里,所有地震都呈现出这种趋势。但是,查奥并不能解释北极移向日本的原因。

七大洲还会形成一个大陆吗?

根据板块构造学说,数十亿年前,地球上的大陆是连接在一起的,后来由于地壳运动,形成了今天的七大洲、四大洋的局面。但是人们不禁猜测,以后七大洲会不会还能合并成一块巨大的大陆呢?

由多国地质学家组成的科研小组称,超级大陆在地球上并非第一次出现,也不会是最后一次。地质学家预测,地球大陆板块的运动是周期性运动,大陆板块每 5 亿~7 亿年将重新合并。这个周期比太阳系绕银河系核心旋转的周期还要长,是大自然最神奇的运动模式之一。而且距今 2.5 亿年以后,七大洲就会合并成一个大陆,它的周围被一个超级大海包围。

现在我们正处于板块运动周期中。随着太平洋北部隐没带海床的下沉,太平洋正在逐渐合拢,大西洋在扩张,美洲大陆板块远离欧洲大陆,澳洲大陆板块往北向亚洲东南部移动。大陆板块每年移动大约 15 毫米。今天的大陆可能以 2 种方式合并。如果大西洋继续扩张,美洲大陆最终将和亚洲大陆碰撞连接。另一种可能是,欧洲和美洲大陆合并在一起,

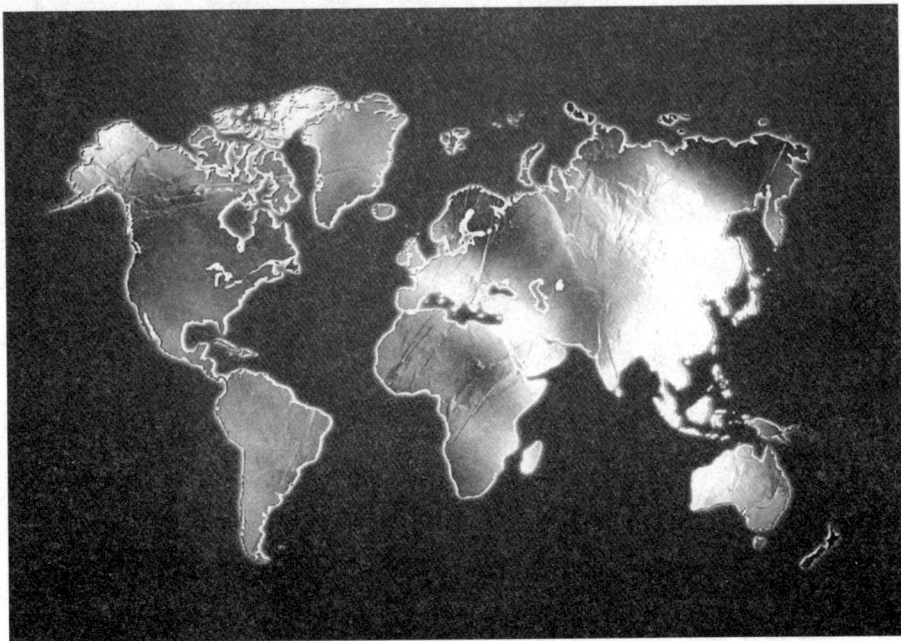

七大洲现在的格局

"盘古大陆"将重现。

但是这种说法目前仅是一种推测,验证是若干亿年以后的事情。

地心温度知多少?

地心温度有多高呢?为了了解地心的温度,科学家做了各种实验。橄榄石是一种非常难熔化的矿物,在5万个大气压下(相当于160千米深处的压力)的熔点为2140℃。也就相当于地下160千米深处的最高温度。而根据玄武岩形成推测,地下100千米深处的最高温度约为1300℃,300千米深处的最高温度为2000℃。人们根据铁的熔点和其他因素,作了估算,认为地核边界的温度不超过4000℃,地心的温度不超过5000℃。

但美国科学家们却提出,地幔同地核边沿的温度,为4800℃,液态外核和固态内核的温度为6600℃,地心处最高温度为6900℃。

俄罗斯地质科学家米赫图可却认为地心是冷的，不是热的。他的依据是：地表上找到的来自地幔带的岩石的矿物晶体中有液态甲烷、液氮和液氢存在；他认为，如果地心是热的，上述液态物质就会被汽化；而它们没有被汽化，说明地心不是热的。但这种推理是否正确，地心温度究竟怎样，目前只是推测，还没有肯定的结论。

重力是怎么产生的？

虽然牛顿发现了万有引力。他向人们揭开了天体和人类不会从地球上掉下去的奥秘。然而我们只是理解万有引力现象，而对其产生原因的研究几乎没有任何进展。人们不明白重力究竟是怎样产生的。

地球的自转速度是放慢呢，还是在加快呢？

珊瑚虫的生长和树木的年轮相似。珊瑚虫一个昼夜会长出一个生长层，并且夏日的生长层宽，冬日的生长层窄。科学家对珊瑚虫体壁研究，识别出现代珊瑚虫体壁有 365 层，正好是一年的天数。科学家又数了距现在 3.6 万年前的珊瑚虫化石的年轮，则为 480 层。按此进行推算，13 亿年前，地球上的一年为 507 天。这说明地球环绕太阳的公转过程，其自转的速度正在变慢。

但是科学家在南太平洋中发现了"活化石"——鹦鹉螺软体动物，在它的外壳上有许多细小的生长线，每隔一昼夜出现一条，满 30 条有一层膜包裹起来形成一个气室。每个气室内的生长线数正好是如今的 1 个月天数。古生物学家又从不同的时代地层中的鹦鹉化石进行判析，发现 3000 万年前，每个气室内有 26 条生长线。7000 万年前为 22 条；1.8 亿万年前为 18 条；3.1 亿万年前为 15 条；到 4.2 亿万年前只有 9 条了。因此从事研究鹦鹉螺的科学家认为，随着地球年龄的增加，其自转速度正在加快。

看来，这一问题会持续争论下去了。

海洋的年龄多大了？

海洋的年龄到底有多大呢？以前人们认为海底年龄和地球的年龄一样古老，但是近几十年来，科学家通过对深海海底的研究，否定了这种看法。许多科学家都认为洋底的年龄并不是很大，最老的超不过 2.2 亿年。但也有人反对这种说法。综合各种说法，总共有 3 种观点。第一种观点认为海洋是原生的，它早在地球的地质发展的初始阶段就已经存在了。持这种看法的人认为，海洋是古老的，这也是一种比较传统的看法。第二种看法认为各大洋的年龄是不相同的，太平洋的年龄最古老，在远古时代就形成了，而其他各大洋的年龄比较年轻，它们均在古生代末期或中生代形成。第三种观点是，世界各大洋的年龄都很年轻。根据陆地地壳的海洋化假说，世界各大洋都是在古生代的末期到中生代的初期于各大陆原来的地区产生的，持这种观点的人较多。

阿留申岛弧之谜

阿留申岛弧是太平洋西北部地震频繁的地区之一，令人疑惑的是阿留申岛弧向南弯曲，这种形状似乎显示有一种自北向南的力推动形成的，如史前冰川的推动等。另外，在阿留申岛南侧有一条深海沟，呈近似东西走向的向南凸出的弧形。人们起初认为是太平洋的海底扩张将阿留申海沟向北推进的结果。但从太平洋洋脊位置来看，太平洋洋脊伸入到北美大陆，南北向偏东分布，其扩张方向应是向西偏北，而不应向北，那么，阿留申海沟是如何形成的呢？至今也没有准确的答案。

无震海岭与大陆平静山系的形成

人们一般认为大洋中脊是大洋地壳的诞生处，大陆边缘的山脉是海底扩张运动的结果，它们的成因就能得到非常科学的解释。但在各大洋中，还存在着许多无震海岭，它们与大陆上的一些古老山系一样。而这些海岭和山系的形成至今仍未得到较为有说服力的解释。美国有人提出"热点说"，他们认为热点处火山活动的源地固定于板块之下的地幔深处，当板块移过热点上面时，随着热点处岩浆不断喷发形成火山，就可以形成一列沿着板块运动方向的火山脊或火山链，即无震海岭。

地球内部的奥秘

我们都知道,地球是在一个椭圆形的轨道上围绕太阳公转,同时又绕地轴自转。因为这种永不停息的公转和自传,地球上才有了季节变化和昼夜交替。然而,是什么力量驱使地球这样一直不停地运动呢?

人们最容易产生的想法就是认为地球的运动是一种标准的匀速运动,否则一天的长短就会改变。牛顿就是这样认为的。他将整个宇宙天体的运动,看成是上好发条的机械,准确无误,完美无缺。其实这是一种错误的认识。地球的运动是在变化的,而且极其的不稳定。

根据"古生物钟"的研究发现,地球和自转速度在逐年变慢。如在4.4亿年的晚奥陶纪,地球公转一周要412天;到4.2亿年前的中志留纪,每年只有400天;3.7亿年前的中泥盆纪,一年为398天。到了亿年前的晚石炭纪,每年约为385天;6500万年前的白垩纪,每年约为376天;而现在一年只有365.25天。但是据天体物理学的计算,证明了地球自转速度正在变慢。科学家将此现象解释为是由于月球和太阳对地球的潮汐作用引起的。

石英钟的发明让人们能更准确的测量和记录时间。通过石英钟计时观测日地的相对运动,发现在一年内地球自转存在着时快时慢的周期性变化:春季自转变慢,秋季变快。

科学家认为,这种引起这种周期性变化的原因是与地球上的大气和冰的季节性变化有关。此外,地球内部物质的运动,如重元素下沉,向地心集中,轻元素上浮、岩浆喷发等,都会影响地球的自转速度。

除了地球的自转外,地球的公转也并不匀速。这是因为地球公转的轨道是一个椭圆,最远点与最近点相差约500万千米。当地球从远日点向近日点运动时,离太阳越近,受太阳引力的作用越强,速度越快。由近日点到远日点时则相反,运行速度减慢。

另外,地球的自动轴与公转轨道并不垂直;地轴也并不稳定,而是像一个陀螺在地球轨道面上作圆锥形的旋转。地轴的两端并非始终如一地指向天空中的某一个方向,如北极点,而是围绕着这个点不规则地画着圆圈。地轴指向的这种不规则,是地球的运动所造成的。

由此可以看出,地球的公转和自转是许多复杂运动的组合,而不是简单的线速或者角速运动。地球还随着太阳系围绕银河系运动,并随着银河系在宇宙中飞驰。地球在宇宙中运动不息,这种奔波可能自它形成时便开始了。

从现在地球在太阳系中的运动而言,其加速或减速都离不开太阳、月亮及太阳系其他行星的引力。人们一定会问,地球最初是如何运动起来的呢?未来将如何运动下去,其自转速度会一直变慢吗?

也许会有人问,地球的运动需要消耗能量吗?若是这样,地球消耗的能量又是来自哪里呢?它若不需消耗能量,那它是"永动机"吗?最初又是什么使它开始运动的呢?存在着所谓的上帝第一推动力吗?第一推动力至今还只是一种推断。牛顿在总结发现的三大运动定律和万有引力定律之后,曾尽其后半生精力来研究、探索第三推动力。

但是迄今为止,人们对第三推动力的研究还没有重大突破。那么,地球乃至整个宇宙的运动之谜究竟是什么呢?这个问题还需进一步探索研究。

地球中心为何物

当问起地球是由什么构成的时候,也许许多人都会说地球是由地壳、地幔、地核三部分组成,其实这种认识是很浅显的。因为就目前来说,我们只能"触摸"到地壳。地球的最高山峰穆朗玛峰的高度为 8844.43 米,而最深的勘探井深约 12 千米。对比这些数字,我们会发现,人们可以直接研究的地球表层的厚度仅为 20 千米左右。那么再往下是什么?地球的中心到底是什么呢?这是千百年来困扰人们的一个问题。

人们最先认为地球是空心的,在地球内部存在着一个"生命世界"。

但是现在有许多证据表明,地球内部不可能是空心的。

19 世纪后期人们注意到这样一种现象:火山喷出熔岩的温度随着深度而增高。根据温度随深度增加的速率来计算,地心的温度竟可达 100000℃左右。在这样高的温度下,即使地心具有极高的压力,任何物质也都会变为气体状态。因此,许多的学者都提出"气态地核说"。但是也有不少学者认为这一观点是建立在钻井和火山资料基础上的,因此而推测出的地心高温概念并不十分的可信。19 世纪末,人们通过重力测量求出地球密度值为 5.52 克/厘米^3。它比地表任何岩石的密度都大许多,因此人们推想地球内部一定有密度更大的东西。

19 世纪中期至 20 世纪初期,科学家开始对地震波进行研究,这为人们探索地球内部的奥秘提供了佐证。地震学家莫霍罗维奇是第一个利用地震仪探索地球内部奥秘的人。1908 年 10 月 8 日,克罗地亚的萨格勒布发生了一次强烈地震,莫霍罗维奇在研究这次地震所记录的数据时,发现地震波传播的速度在地表下面 33 千米处存在一个不连续的跳跃,说明在这一深度的上下物质密度相差很大。以后,科学家确证这个球面是地壳和地幔的分界面,并以莫霍罗维奇的名字来命名,称为莫霍不连续面,简称莫霍面。

1914 年,地震专家古登堡在探测远方地震所发出的地震波时,又发现在地表下面 2900 千米处,地震波的传播速度也发生了急剧改变。这里是地幔和地核的分界面,地学上称作古登堡面。

通过进一步的研究,人们知道了地幔的物质具有固态特征,它的上部由含二氧化硅 24%～45%左右的超基性岩组成,性质类似橄榄岩,因此,被称为橄榄岩层;同时,它又含有丰富的硅和镁元素,又称它为硅镁层。

1936 年,丹麦地质学家莱曼又发现地核可分为内核和外核两部分,内外核的分界处在地表下 5100 千米处。外核中地震波横渡不能通过,人们推测它为液态。而到内核,横波又重新出现,说明它是固态的。由于地震波在整个地核中的传播速度与它在高压下铁的传播速度相等,人们很自然地想到地核可能是高压状态下由铁、镍构成的。

近年来,有人又提出,地球"黄金核"的说法,认为以铁、镍为主要成分的地核之中,黄金的平均含量是地壳平均含金量的 600 多倍,地核中的黄金总含量竟多达 500 亿千克。

"黄金核"学说只是地核中心的一种猜想,先后又有人提出"金属氢地核说"、"金属氢化物地核说"、"铁硫地核说"、"铁硅地核说"、"铁氧地核说"等。这些学说只是人们对地心的猜测,地心究竟是何物仍是一个谜团。

包围地球的大气层

地球是迄今人们探索宇宙发现的唯一存在生命的星球。这要倚赖于它拥有其他行星所没有的得天独厚的 3 个条件:适量的阳光、充足的水源和丰富的大气。

大气层又叫大气圈,地球就被这一层很厚的大气层包围着。大气层的厚度大约在 1000 千米以上。整个大气层随高度不同表现出不同的特点,因此人们将大气层分为对流层、平流层、中间层、暖层和散逸层,大气层外面就是星际空间。

在地球引力作用下,大量气体聚集在地球周围,形成数千千米的大气层。气体密度随离地面高度的增加而变得愈来愈稀薄。探空火箭在 3000 千米高空仍发现有稀薄大气,有人认为,大气层的上界可能延伸到离地面 6400 千米左右。据科学家估算,大气质量约 6000 万亿吨,差不多占地球总质量的 1×10^{-6}。

那么围绕地球的大气层究竟是怎么来的呢? 天文学家经常用天体的起源来解释地球大气的起源。

根据太阳系起源的流行理论——康德-拉普拉斯学说认为:大约在 50 亿年前,太阳系是一团体积庞大、温度极高、中心密度大、外缘密度小的气态尘埃云。整个尘埃云先是缓缓转动,后来温度渐渐冷却,尘埃收缩,而

大气层

使转动加快,中心部分收缩成太阳,周围物质收缩成九大行星及其卫星。最初收缩凝聚的地球团块是很疏松的,气体不光在地球表面,大部分被禁锢在疏松的地球团内。这时的地球像一块吸足了水分的海绵团,蕴含着大量的气体。后来,由于地心引力作用,疏松的地球收缩变小。气体受到收缩,被挤出来。大多气体分散到地球表面,形成薄薄的一层大气。地球收缩到一定程度后,收缩速度减慢,强烈收缩时产生的热量渐渐失散,地球逐渐冷却,地壳开始凝固。地球凝固后,地球内部受放射性元素的作用不断升温,使地壳一些地方发生断层、位置移动和火山爆发。地壳和岩石中的水和气体也随之释放出来,这些被释放出的气体中,一部分如氢、氦等轻分子跑到了宇宙空间,而氧和氮等重分子大部分被地球吸力抓住,充实了地球大气。

地球不断失去氢和氧,然而太阳风和地球本身的活动,如火山爆发等,又不断地补充地球大气失去的气体。所以,从古至今,地球上的大气总是这么丰富。

珠穆朗玛峰离地心最远吗？

地球是一个不规则的椭球体，南部稍大，北部稍小，中间鼓起。珠穆朗玛峰是世界上海拔最高的山峰，它是离地心最远的吗？有人可能会说：当然是了。其实，这个答案并不对。离地心最远的地方是南美洲厄瓜多尔的钦博拉索山。它位于赤道附近的厄瓜多尔中部，海拔6262米。为什么比珠穆朗玛峰低了2582米的钦博拉索山反而是离地心最远呢？这是

珠穆朗玛峰是世界上最高的山峰

探索地理的奥秘

TANSUO DILI DE AOMI

因为，它位于地球最鼓的赤道地区，那里的地面本来就比其他地方离地心远，再加上它本身的高度，就成了离地心最远的地方了，也即是地球上最厚的地方。人造地球卫星测得的数据表明：钦博拉索山峰顶到地心的距离是638.41万米，而珠穆朗玛峰顶到地心的距离是638.1949万米，比钦博拉索山少了两千多米。

钦博拉索山虽然处于世界热带地区，但由于它海拔很高，山顶上是积雪终年，是典型的"赤道雪峰"。钦博拉索山是一座圆锥形的火山，已多年没有喷发过，山间有许多的温泉。雪线以下的冰雪融水与温泉水汇合形成了奔向山下的急流，带着白色水汽飞奔而去，是钦博拉索山的美丽景观。

有趣的地球方向

东西南北是人们给地球确定的方向，规定顺着地球自转的方向为东，逆着地球自转的方向为西。地球绕一个假设的地轴自转，地轴的两端，人们称它为两极，看到地球自转的方向为逆时针的端，就是北极；反之，另一端便是南极，站在南极看地球自转是顺时针的。

由于地球是个球形，地球的方向也因此妙趣横生。

没有尽头的东、西方：如果你从一个地球两极以外的任何一点出发，一直朝东走，你的前方永远是东。即便绕地球一周回到原地，再继续朝前走，仍旧是东，无休无止。向西走也是同理。也就是说，向东走，你永远找不到东的尽头；向西走，你也永远看不到西的尽头。所以，东、西又称无限的方向。

只有一头的南、北极：被称为有限方向的南、北极，它们的尽头就是它们自身。从北极以外的任何一点向北走，都会到达北极；而站在北极四下望去，又都是南方，而无东、无西、无北方。南极与之正相反。

永远到不了南、北极的方向：朝东、西、南、北以外的任何方向前进，既不像东、西方向那样可以回到原地，也不会像南、北方向最后在南北极会合,而是一条螺旋形路线,只能从南极或北极擦边而过,却永远到不了南、北极。如果要到南极或北极会见朋友,那要认准方向,否则就会永远擦肩而过不能相见。

锰结核的形成

1873年,一艘英国深海调查船"挑战者"号,在环球海洋考察中,从太平洋海底打捞出一些乌黑发亮、光滑、富含锰铁质的块体。后来在其他海域也发现了这种矿物。

20世纪50年代以后,人们发现在深海中这种富含锰质的结核体分布极其广泛,仅在太平洋,估计就蕴藏上千亿吨。

锰结核长度一般为5～20厘米,酷似土豆。它的显著特点是内部呈现出一层又一层的同心结构,而核心则为各种各样的异物,如普通的沙砾等。这说明,这些深海锰结核是在漫长岁月中,由含锰的物质逐层沉积在这些物体上面形成的。

锰结核中含有30多种金属,其中锰、镍铜、钴含量最多,它们都是今天人类工业中不可或缺的重要原料。

人们可以从锰结核中得到许多在陆地上极为稀少的资源,如铜、钴等。可以说深海中蕴藏的锰结核为人们带来了新的资源供给。

但现在没有人知道锰结核的确切来历。一种理论认为:锰结核是由陆地上冲来的,然而在陆地上却未曾发现过这种矿石;另一种说法是,锰结核由火山活动形成,然而分布方式却并不相符。

还有科学家说,锰结核由海面浮生物在新陈代谢活动中聚集了海水中的金属而成,因为浮游生物带几乎与锰结核分布区相吻合。大部分人相信,一些微生物能够从海水中提取金属,并且将这些金属组合成食物链,食物链被食用后,排泄物便掉到海底,经常包围住珊瑚虫、玄武岩等外界物质,于是就形成结核石,并逐渐生长。也有人认为,一种未知的环境因素,也许是缓慢地沉积、高氧含量、有限的酸度和电势能,能够在海水中

产生金属离子,附着在上述排泄物上,从而形成锰结核。

至于为什么锰结核下面会有大约 40 米厚的沉积层,这也仍是个谜。比较可信的说法是:结核长到正常尺寸所需要的时间内,沉积层刚好上升 40 米厚,而且沉积层中的海底微生物不断地把结核推向表面,或者有微生物生活在锰结核的缝隙间并把它们保持在表面,也许是海底水流把结核冲洗干净而不使其被沉积层埋没。

关于锰结核的形成,人类的探索还处于初步研究之中。随着科学的发展,总有一天,我们会解开这个谜团。

南北半球地震为什么次数不一样?

有人曾对南北半球的地震总数做过统计,发生在 1900～1980 年间六级及六级以上的地震一共 7936 次,但是在南北半球发生的六级及六级以上的地震次数却有很大差异:北半球共发生了 4634 次,南半球只发生了 3277 次,赤道发生了 25 次。北半球比南半球多出 1357 次。纵观地图,北半球的火山、温泉数量也比南半球高。这是怎么回事呢?

有学者根据南北半球海陆分布的不均衡特征认为,海陆分布情况可能影响到地球内能的释放。我们知道,温泉、火山、地震都是地球释放内能的方式,来自地热流的研究给我们这样的启示:地热流是地球内能释放的最基本的形式,地球的内能通过地热流连续不断地经由地壳释放出来,地壳是地球内能释放的最主要障碍,由地壳均衡假说可知,大陆地壳远厚于大洋地壳,又据有关资料显示,大陆地壳的平均厚度为 35 千米,海洋地壳厚度仅为 6 千米。不难想象,地球的内能通过大陆地壳要比通过海洋地壳困难得多。由于北半球大陆板块面积比南半球要大,而南半球的大洋板块面积比北半球的要大,因此,北半球的内能更多地受阻于大陆板块,通过地热流释放出来的内能就要比南半球少一些,这些受阻的内能在大陆板块下面积聚,并在地球自转的作用下向中低纬度转移,当这些能量积聚到一定的程度,就可能冲破地壳,在一些地壳较薄弱的地带(如板块

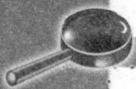

边缘)以火山、地震等形式释放出来。在一个较长的时期内,南北半球各自释放的总内能应趋于均衡,即北半球通过地热流、温泉、火山、地震等形式释放出来的内能近似于南半球通过地热流、温泉、火山、地震等形式释放出来的内能。

不过这种说法还只是一种理论,南北半球的地震次数为什么不一样,仍需科学家进一步研究。

玄妙的气候天象

雷电为何专击奶牛不伤人？

我国河北省保定市阜平县的海沿村地处太行山脉，山高草密，人多地少，素有"九山半水半分田"之称。海沿村是一个贫困的小山村，2002 年，国家扶贫项目——幸福工程落户海沿村，政府投资，村民贷款，买来了500 多头奶牛，建起了公司，发展奶牛养殖，当年取得了可观的收益。

但是谁知道在 2003 年 5 月的一个中午，村民们将奶牛赶到挤奶大厅，准备挤奶。这时屋外开始下起大雨，传来阵阵的雷声。突然一道闪电过去，36 头奶牛即刻被击倒了。所幸的是，奶牛除了受到惊吓并没有伤亡，挤奶的村民也毫发无伤。2004 年，雷电又再次光顾了海沿村村民赵玉家，瞬间 3 头大牛都被雷电劈死了。随后的 2005 年、2006 年，每年都有奶牛被雷电劈死。在 2003～2006 年的 4 年之间，海沿村养牛场共遭受了 8 次雷击，先后有 6 头奶牛被击死，十几头奶牛受伤。但和奶牛朝夕相处的农民，却没有一个人伤亡，奇迹般的躲过一次次雷击。为什么雷电专门跟奶牛过不去呢？

猜测一，牛毛静电惹的祸？

海沿村的村民认为牛毛极容易点燃，是不是牛毛静电将雷电招来了呢？专家说牛毛静电招雷的说法并不科学。其实，雷电本身就是静电的一种。空气中的气流运动，造成云层的摩擦，就会聚集不同的电荷，云层不断增厚,电荷也不断增加,到了一定程度就会穿过空气放电,这就形成了雷电。牛毛上的静电是因为天气干燥,牛皮绝缘度增加,造成体内的静电荷不断增加导致放电。一个是阴雨时节的天气现象,一个是空气干燥的放电反应,二者风马牛不相及。所以,这种猜测不成立。

猜测二,养牛场的位置容易招雷?

有专家对海沿村的地质条件和气象条件进行分析测量发现,海沿村两面环山,像一个小盆地。东北和西北各有一个风口,容易形成上升气流爬坡,造成电荷聚集,而招致雷电。但是,为什么雷电不会落在山头上呢?在两面山坡和养牛场取土分析发现,养牛场属于黏土,电阻率比较低,而山体的土质属于沙土,电阻率比较高,不容易落雷。

在周边勘探时,专家还发现离海沿村400米是海沿水库的大坝。海沿水库是20世纪80年代建成的,水面比较宽,对整个地区的小气候环境影响比较大。而且水库堤岸比较高,造成海沿村的地下水位偏高,这就造成土壤电阻率的进一步降低,更加容易招雷。那么,为什么雷电不会落在民宅,而偏偏盯上了牛棚呢?他们解释说养牛场的位置处在一个干河床,又比较开阔,河床的地下水位比较高,这就很容易招雷。村子里总体来说,树比较多,民房被雷直接击中的可能性要比养牛棚小。

猜测三,隔离奶牛的铁栏杆引来了雷击?

有人并不认同是牛棚所处的位置使得这里成了雷击区的说法,因为村民每天都在这里照顾奶牛,甚至在奶牛被击倒时也在旁边,却从来没有发生过人员伤亡,这一点用上面的说法就无法解释呢?人们又发现挤奶大厅的屋顶都是焊接的大铁架子,而大厅内和各家的牛棚,为了防止奶牛乱跑,都采用了钢铁结构,建起了铁栏杆。在喂牛和挤奶的时候,都用铁栏杆圈住奶牛。难道这个铁栏杆,就是引雷的罪魁祸首吗?专家解释说自然界有3种雷,第一种叫直击雷,就是雷电直接击中物体;一种叫球形雷,就是球形闪电,是伴随直击雷产生的;第三种就是感应雷,它一般在金属结构上才会出现,打雷时,在金属导体上就成了感应电流,这些感应电流就会顺着金属导体传送,造成物品损坏,甚至人员伤亡。海沿村的奶牛

就是被感应雷击倒的。因为奶牛吃料时被锁在铁栏杆上,奶牛跟铁栏杆是直接接触的,所以打雷的时候,这个铁栏杆又感应出一个高电流,这个高电流直接通过奶牛的脖子,通过奶牛的脚,就对地释放了,所以奶牛就被击中了。而打雷的时候,人直接去接触这个铁栏杆的机会很少,所以目前还没有造成人员的伤亡。

猜测四,胶鞋的绝缘底让人免遭雷击?

第三种猜测虽然很有道理,但是当地村民说当奶牛被雷击的时候,他们同样也接触到铁栏杆,但只是手脚发麻,并没有生命危险。也就是说,击死奶牛的雷电,并没有放过村民!只是电流变弱了。同样的一个雷,为什么打在牛身上,和打在人身上,有这么大的不同呢?最后,专家注意到村民在喂牛或者挤奶的时候,经常穿着胶鞋。胶鞋的鞋底绝缘性好,可以防止电流的传导,但是在身体遭到雷击的时候,绝缘体的鞋底,是起不了多大作用的,反而会因为接地不畅,造成电荷聚集,形成更大的伤害。那么,到底是什么原因,让雷电专门跟奶牛过不去?却从不伤人呢?

谜底:感应雷和跨步电压共同谋杀了奶牛。

无意中,村民的站立姿态让专家破解了谜团,是感应雷和跨步电压共同谋杀了奶牛。跨步电压就是雷电传入地面,在雷击点附近的电压比较高。在附近行走的人,两脚之间就形成了电压差。根据人的平均电阻率,再加上每个人的步伐一般都在 0.8 米左右,如果雷雨时节,人大步奔跑的话,跨步大于 0.8 米,就会突破承受电压的极限,造成电击事故。而一头成年奶牛前后脚之间的距离达到 2 米,远远超过了 0.8 米的距离,所以牛的跨步电压就比人要大得多。所以雷电就去击奶牛而不伤人了。

球形闪电

球形闪电俗称滚地雷,略呈圆球形,直径大约是 20～50 厘米。通常它只会维持数秒,但也有维持了 1～2 分钟的纪录。更神奇的是,球形闪电可以在空气中独立而缓慢地移动,有的目击者看见它像火球掉地上又弹回空中消失,有少数目击者说它会随着金属物品走,例如电话线,但多数人都说它的路径不定。绝大部分目击者都说它是横向移动的,它曾在空地、封闭的房间内,甚至飞机舱里出现!

根据众多的目击材料,科学家大概勾勒出了球形闪电的基本轮廓。这种发光的球体大小在高尔夫球和足球之间,颜色有白、绿、黄、橙之分,其亮度可与 100 瓦灯泡相当。球状闪电持续时间一般在 5～10 秒,它会随气流的起伏在近地的空中自在飘飞,有时逆风而行,可穿门窗,进室内,甚至穿过炉子烟筒。有时会悬停,有时会无声消失,有时又会碰到障碍物爆炸发出巨响而消失。球状闪电运行速度缓慢,有时与人跑速度差不多,极少情况下它会发出轻微的嘶哨声、喊喊声或咝咝声。一个共同的特点是,球状闪电几乎总是发生在雷暴天。

1956 年夏的一个正午,在前苏联某个集体农庄,两个孩子在牛棚里躲雨。突然,房前的白杨树下滚落一个橙黄色的火球直向他们逼来,一个孩子踢了它一脚,轰隆一声,火球爆炸了,牛棚里的 12 头牛有 11 头被炸死,孩子们被震倒在地,但没有受伤。事后,人们才知道那个火球是罕见的球状闪电。

在美国的一个小城里也曾发生过一件怪事:一位主妇从市场回到家里,打开电冰箱一看,她放进去的生鸭、生肉全都变成了熟食品。后经科学家的研究才明白,是球状闪电把冰箱变成了电炉,奇怪的是冰箱没有损坏!

1981 年 1 月的一天,前苏联一架客机在黑海附近遭遇球状闪电。一个大火球闯入驾驶舱,发出爆炸声,几秒钟后又穿过密封的金属舱壁,出现在乘客的座舱里,戏剧性的表演一番后,发出不大的声音离开飞机。事后检查,机头机尾的金属壁各出现一个窟窿,内壁却完好无损。

在美国俄勒冈州,一个球状闪电来去如风,先在纱门上留下了一个篮球大的洞,然后直奔地下室,毫不留情地毁坏了一个旧轧干机。俄罗斯一位教师的经历更可怕,一个 80 厘米直径的球状闪电在他头上来回跳动不下 20 次,然后悄然消失了。此外还有报道说,一个球状闪电飞进了一个盛水的大锅里,水立刻沸腾起来,球状闪电在锅里翻滚了10分钟才熄灭;另有一次,一个足球大小的球状闪电沿街滚动、跳跃,接触到地面时,竟炸出了一些深0.5米、直径1米的坑,最后,随着一声轰响,火球钻进地下。

1999年3月16日下午,我国湖北省北部的枣阳市忽然间闪电频发,雷声惊天,当场造成9人死亡、20余人受伤的罕见灾害。据目击者称,雷击现场有一片红光,这正是球状闪电的特征。

甚至有人怀疑,20世纪发生在俄罗斯的通古斯大爆炸的罪魁祸首也是球状闪电。

但是直到现在,球状闪电仍是人们不能解释的奇怪自然现象。由于球状闪电出现的频率很低,科学家难以做系统的观测,至今也没有人拍摄到高质量的照片来做科学研究。

1955年,前苏联物理学家提出球形闪电是雷暴中所产生的电磁干扰效应所引起的。1991年,日本科学家报道了他们在实验中观察到微波干扰所产生的一系列类似球状闪电的现象,他们的人造等离子球也显示出球状闪电的一些特性,如它可沿与主气流相反的方向运动,并可穿越固体物质。

1998年,一位西班牙物理学家认为,球形闪电可能是闪电产生过程中,磁场约束发光等离子体所形成。

2000年,两位新西兰科学家提出了他们的新理论,当一般的枝状闪电击到土壤中,土壤中的矿物质会转换成纳米纯硅和硅化合物颗粒。这些尺寸不足0.1微米的微型颗粒,会在闪电的能量作用下由土壤蒸发进入大气,这一过程,就像抽烟者从嘴中吐出烟圈。进入大气的含硅颗粒会首先连接成链,然后组成能随气流运动的球状细丝网,该球状细丝网中的颗粒具有很高活性,会在特定条件下缓慢燃烧,并释放出光和热而形成所谓球状闪电。

此外,还有人提出球形闪电是灼热的空气团或气化了的元素,例如碳、钠或是铜。虽然这个理论可以解释球状闪电的部分特性,却不能说明为什么它可以在飞机仓内形成。后来又有人提出等离子体、离子、带电的尘埃、有外层电子壳的水等等观点,但是没有一种理论可以完满地解释球形闪电。

印度红雨

在我们身边时常听到某地下了异常怪诞的雨,比如"钱雨"、"活鱼雨"、"青蛙雨"、"椅子雨"等等,而这些都是龙卷风、台风造成的。如2000年8月,在加拿大雅茅斯市的英国港下了一场鲱鱼雨,鲱鱼是在暴风雨中被大风裹携而来的,鲱鱼落到地面时虽然已经死亡,但仍然很新鲜。不过也有不是风和暴雨造成的怪雨,在印度喀拉拉邦下的红雨,就让人一时难辨真相。

2001年7月,在印度喀拉拉邦下了一场怪雨——红雨,离奇的红色雨点从天而降,浅的淡如桃花,深的浓似鲜血。这场怪雨断断续续下了2个月。当地报纸跟踪报道了许多目击事件,一时间里引发了种种猜测。让人们感到震惊的是,有印度科学家经研究后得出了一个结论:红雨中的红色粒子不是地球上的"土著居民",它们很可能是来自外星的不明生命体!

据研究,"红雨粒子"是一种红色的细微粒子。在电子显微镜下,红雨粒子看上去十分细小,直径仅4～10微米,平均浓度为每毫升900万粒。将样品进行浓缩后发现,在每立方米红雨中,红雨粒子的重量大约为100克。据此研究者推测,在每平方千米的面积上,如果每100毫米的降水中包含5毫米的红雨的话,那么由此产生的5万立方米降雨中,红雨粒子的重量将达到50000千克!

围绕红雨的最大谜团是它的"身份"问题:它来自何方,由什么物质组成的?

有人推测,这场红雨是微生物类物质构成的,它可能来自一颗掠过地球的彗星。但大多数参与研究的专家们都对此表示怀疑。

专家对这场红雨的调查结果显示,雨水之所以成红色是因为大风从

阿拉伯半岛带来了红色的沙尘并在喀拉拉邦上空沉积下来。

但支持外星生物说的人认为,这场红雨持续时间长达2个月的这一事实,无论如何都能推翻风带来红沙尘导致下红雨的说法。而且,科学家们的分析还显示样品中含有50％的碳、45％的氧,还含有一定数量的铁和钠,这也能为外星生物的猜测提供相应的生物学证据。

也有人说,在红雨开始之前的几小时,喀拉拉居民的房屋也因受到一种声音的冲击发生过震动。这种震动很可能就是一颗近距离飞过的陨石引起的。许多科学家都支持彗星中可能含有大量有机化学物质的设想。然而,大多数科学家还是认为将红雨和陨石微生物相联系的结论太冒失。

火雨

干雨也曾被称为"火雨"。大约100年前,火雨曾毁灭了欧洲亚速尔群岛地区整整一支舰队。

火雨还曾引起美国得克萨斯的草原特大火灾。公元1889年非洲的萨凡纳又成了火雨的战利品。早期火雨却极为罕见,但是近年人们不安的发现,它出现的次数要比以前多得多。

那么火雨是怎么产生的呢?

对火雨现象的解释,目前存在两种观点。一种观点认为,由于彗星散落,散落后的物质有些落入地球,于是就产生火雨现象。从彗星散落到地球表面并出现干雨,应该相距2~6年。而天体物理学家观察到越来越多的彗星散落现象,所以他们推测最近6~15年内可能要出现一些火雨。那时火雨引起火灾的数量将达每年8起,而50年后将每年达30起。

另一种观点认为,火雨现象是我们尚未认识的另一种文明的破坏活动。这种想法从表面上看似乎是天真的,但持这种观点的人提醒人们注意,如果干雨现象来源于宇宙,是彗星散落的产物,那么化学家通过光谱分析是会发现彗星化学成分的痕迹的。但迄今为止化学家在这方面的研究结果是否定的。所以,两种说法一直处于争论之中,要证实哪一个说法更准确,需要进一步研究。

蛛丝雨

1741年9月21日早晨,吉尔伯特·怀特惊异发现草原上蒙了厚厚的一层像"蜘蛛丝"样的东西。因为掉落的蛛丝太厚了,几乎封住了他家狗的眼睛。后来,天上开始有蜘蛛丝像雨一样地落下来,而且一直不间断地下了一整天。这些蛛丝并不是呈丝状在空中任意飘荡,而是像棉絮片一样落下。有的甚至有2.5厘米,13~15厘米长,落下时的速度也很快,显然比空气要重。这些蛛丝在阳光下发出耀眼的白光,异常的美丽。

在其他地方,也出现过这种奇怪的雨。1883年10月16日,在法国吉伦特地区蒙图萨上空出现了一片厚厚的乌云,随即伴着大雨落下一些拳头大小、白色绒毛状的物质。许多目击者认为,天空中那厚厚的乌云就是这种物质构成的。人们从没有见过这种奇怪的东西。不可思议的是,这种东西用火烧后,就变成了炭。

1881年10月下旬,在美国威斯康星州的格林湾麦尔沃基和附近若干个小城市上空落下了很结实的白色蛛网状物质,它们是一些大约18米长的丝状物。有人说这些网状物可能是从密歇根湖地区向内陆漂过来的。

那么,这些蛛丝到底是怎么形成的呢?已经过去了100多年,至今仍无人能够作出满意的解释。

天降巨冰

1981年的一天,西班牙拉加省阿洛拉市附近的农民们正在地里干活,忽然听见刺耳的尖啸声,就像是飞机扔炸弹下落时的声音一样。人们不知发生了什么事,异常恐慌。这时,只见一个呈球形的巨大冰块从天而降,估计重约100千克。这个"大冰雹"到地面后摔成许多碎块,溅撒在直

径 40 米的范围内。

这样巨大的冰块是如何在天空中形成的？当地的气象学家至今还不能解释。

地球上最热的地方为什么不在赤道

许多人都认为地球上最热的地方应该在赤道，因为赤道地区太阳一年到头高高地挂在天空，直射在地面，气温肯定是最高的。其实，地球上最热的地方并不在赤道。

翻阅世界气象记录，在亚洲、非洲、澳洲和南北美洲远离赤道的大沙漠，白天的气温比赤道可高多了。赤道上最高的一般不会超过 35℃。而非洲的撒哈拉沙漠白天的最高的气温可达 50℃多。我国的戈壁沙漠，白天最高温度也达 45℃。

赤道地区获得太阳的光热最多，却不是最热的地方，而一些沙漠远离赤道，为什么夏季反而比赤道热呢？究竟是什么原因造成了这种现象呢？

原来，赤道大部分的地区被海洋所占据。太平洋、大西洋、印度洋都在赤道线上，广阔的赤道洋面，能把太阳给它的热量传向深处。而且海水蒸发要耗去大量热量；再加上海水热容量大，水温升高比陆地慢，因此赤道地区的温度上升也就缓慢。

而在大漠里，情况就不同了。那里的植物稀少，水也很难见到，光秃秃的一片沙地，它的热容量小，升温快，沙地本身传热慢，热量很难向下传送。再加上沙地又缺乏水的蒸发耗热。所以当太阳照射时，沙漠里的温度就上升得很快，因此，白天最热的地方不在赤道而在沙漠里。

极光是如何形成的？

极光一般出现在地球的南北两极附近地区的高空，夜间常会出现灿烂美丽的光辉。它轻盈地飘荡，同时忽暗忽明，发出红的、蓝的、绿的、紫的光芒。极光有时出现的时间极短，犹如在空中昙花一现的焰火；有时却可以在苍穹之中辉映几个小时；有时像一条彩带，有时像一团火焰，有时像一张五光十色的巨大银幕；有的色彩纷纭，变幻无穷；有的仅呈银白色，犹如棉絮、白云，凝固不变；有的异常光亮、掩去星月的光辉；有的又十分清淡，恍若一束青丝；有的结构单一，状如一弯弧光，呈现淡绿、微红的色调；有的犹如彩绸或缎带抛向天空，上下飞舞、翻动；有的软如纱巾，随风飘动，呈现出紫色、深红的色彩；有时极光出现在地平线上，犹如晨光曙色；有时极光如山茶吐艳，一片火红；有时极光密聚一起，犹如窗帘帐幔；有时它又射出许多光束，宛如孔雀开屏，蝶翼飞舞。

如此美丽的极光是如何形成的呢？对此存在着很多的说法。一种看法认为极光是地球外面燃起的大火，因为北极区临近地球的边缘，所以能看到这种大火。另一种看法认为，极光是红日西沉以后，透射反照出来的辉光。还有一种看法认为，极地冰雪丰富，它们在白天吸收阳光，贮存起

极光

来,到夜晚释放出来,便成了极光。

进入19世纪以来,科学家试图从科学的角度来认识极光产生的原理。有研究认为,肉眼可见的极光是由太阳风(是太阳连续不断地向宇宙空间辐射出的稳定的粒子流)与大气原子冲撞产生的,这种看法一度成为极光成因的主流观点,被各种类型的科普书籍不断引述。然而,后来空间物理学家通过观测发现,太阳风与大气原子冲撞后可以产生极光,但这种极光极其微弱,而且其沉降区主要在白天一侧,肉眼一般无法看到,并不是人们看到的极光的来源。

20世纪80年代末期,美国和欧洲科学家又在地球空间磁尾发现向地球运动的带电粒子暴发性高速流。不过,这些高速粒子流是如何产生的,是否和极光的形成存在联系,一直悬而未决。

我国空间学家曹晋滨等人借助4颗卫星的观测数据认为磁层亚暴发射的高速粒子流与大气原子冲撞是极光产生的真正原因。他们的研究结果表明:95%的磁层亚暴发射高速粒子流时,南北纬65~70度的椭圆形带区域都出现了极光现象。因此可以确定,这些高速粒子流与大气原子冲撞才是极光产生的真正原因。所谓"磁层亚暴"是地球磁层中巨大能量贮存和突然释放的瞬变活动,大约每天发生3~4次。亚暴每次释放的能量大约相当于一次中等地震的能量,除了在地球极区空间环境的剧烈变化,还在地球电离层激发强烈扰动,影响GPS卫星导航信号的接收,以及卫星和地球之间的通信联络。

还有一种观点认为极光是太阳风与地球磁场相互作用的结果。太阳风是太阳喷射出的带电粒子,当它吹到地球上空,会受到地球磁场的作用。地球磁场形如漏斗,尖端对着地球的南北两个磁极,因此太阳发出的带电粒子沿着地磁场这个"漏斗"沉降,进入地球的两极地区。两极的高层大气,受到太阳风的轰击后会发出光芒,形成极光。高层大气是由多种气体组成的,不同元素的气体受轰击后所发出的光的颜色不一样。例如氧被激后发出绿光和红光,氮被激后发出紫色的光,氩激后发出蓝色的光,因而极光就显得绚丽多彩,变幻无穷。

极光是划过南北两极地区上空的耀眼的光象,但至今还没有人确切地知道极光发生的原因。迷人的极光究竟是如何产生的,还有待进一步研究。

杭州湾日月并升

如果在农历十月初一这一天,登上距离杭州 80 多千米的海盐县南北鹰窠顶,或者登上与鹰窠顶相邻、仅有几个河湾相隔的凤凰山,那么就有可能会看到一个奇观:日月并升。

《汉书·律历志上》加载:"日月如合璧,五星如连珠。"《辞海》对"日月合璧"的解释为:"谓日月升,出现于阴历的朔日。在我国很少见,古人遂用以附会国家的祥瑞。"朔日即农历每月的初一,这一天,月亮暗的一面朝向地球,加之太阳又亮,所以即使月面受到地球反射光的照射,人在地球上用肉眼也是看不见月面的。既然如此,怎么会有日月同辉的现象呢?

杭州湾的日月并升在历史典籍中多有记载。1933 年出版的《海宁观潮》中,有"十月朔谓之'十月朝',各家祀祖先,扫茔墓。登县东南凤凰山观日月并升。"1983 年浙江人民出版的《浙江分县简志》"海盐县·南北湖"条也载:"农历十月初一清晨,在湖畔高阳山的鹰窠顶上,可看日月并升奇景。"《中国名胜辞典》也有同样介绍。从这些记载中可以看出,看到日月并升现象的地点集中于杭州湾北岸的凤凰山和鹰窠顶。经考察,凤凰山高 123.8 米,位于今海宁市黄湾镇东南钱塘江畔。南北湖位于海盐县澉镇六里堰,湖畔鹰窠顶高 186.8 米,与凤凰山相距不远。

日月并升现象在当地流传已久。传说,这种现象只有在狗(戌)年的十月初一才能见到;也有的说,要上月(农历九月)大,即有 30 天的那一年才能见到。但是,奇景在 1980 年(该年 9 月是大月)出现后,1981~1983 年整整 3 年没有出现(1981 年和 1983 年的 9 月都是大月,1982 年狗年)。而 1984 年有两个农历十月,9 月只有 29 天,奇怪的是正十月初一、初二没有出现日月并升的现象,初三却出现了 15 分钟,初四还可见,直到初五

还出现了 5 分钟;而且在闰十月初一它又出现了。1985 年 9 月有 29 天,但在十月初一,仍使不少人目睹了"日月同辉"的奇景。因此日月并升出现的实际情况并不如传说所言。

人们发现日月并升的时间长短不一,每次出现的景象也不相同。有时是日月重叠同时升起于江海之上,但太阳直径略大于月亮,太阳外圈显露一红色光环;有时月影先在日轮中跃动,不久月影消失,或月影跳出日轮,在太阳四周跃动;有时月亮先出,太阳随后升起,托住月影一起跃动;有时太阳先出,不久月亮出现,围绕太阳上下左右地晃动。奇怪的是在其他地方却不能看不到这种景象,只有在凤凰山和鹰窠顶上才可目睹。

日月并升现象与日食很相似,但很明显不是日食。因为日食不可能年年都发生,而且日食在许多地方都可以看到,不像日月并升现象只能在凤凰山和鹰窠顶上才可目睹。

有专家质疑人们看到的日月并升现象不是太阳和月亮在一起的影像。因为月亮不可能会在太阳周边上下左右地晃动。所谓日月并升,很可能是太阳光线折射造成的假象。江海上空天气变化较剧烈,冷暖气流垂直移动频繁,在大气底部各层中传播,便会产生异常的折射现象。这时地平线上的太阳,可能会呈现出各种扭曲的怪状,如帽子状、三角状、不规则的圆柱状等,有时会上下闪动;有时会出现复合形象,仿佛好几个太阳闪烁跳动。这种现象在气象学中被称为"地面闪烁"。西欧北海沿岸一带经常能看到这种现象。

但是如果说是太阳折射产生的现象,但是却无法解释这种现象为何只在农历前后出现,并且只能在凤凰山和鹰窠顶上这两座的小山才能看见的问题。

神秘的古老遗迹

石脑袋之谜

1938 年,人们在墨西哥的原始森林里发现了 11 颗全由玄武岩雕刻而成的人头石雕像。这些石脑袋大小不一,最大的 16 米,最小的约 6 米,最重的有 20 多吨。其中有一颗石脑袋上刻有许多奇形怪状的图画式的象形文字,至今仍无人识破。这些石脑袋都是威武军士的容貌,雕工细腻,逼真地刻画出了人物的脸部表情。这也表明当时在雕刻方面已具有很高的艺术造诣,堪称古代美洲雕刻工艺的精华之作。

那么,这些杰作的主人是谁呢?有些学者认为很可能是传说已消失了的远古拉文塔族人留下的作品。因为据史书记载,大约在距今 1.1万~5000 年前,墨西哥已出现了较高的石器时代文化;又据历史学家研究,墨西哥有确切文献资料可考的历史是从公元前 2300 年左右开始的。至公元前 2000 年左右,墨西哥石器中出现了石杵和石臼,大量制作陶器、泥俑等。公元前 1250~公元 200 年这些原始部落创造了象形文字、计数法和历法,常用重达数吨或几十吨的整块巨石雕琢面带微笑的石刻头像。据推测:这 11 颗由玄武岩雕刻而成的人头石雕像乃是墨西哥古典文化的先驱——奥尔梅克文化时期的产物。有的学者根据石雕像文字中一连串的点、划进行了综合考证,认为这些人头石像雕成的日期大约在公元前 291 年左右,而这正是拉文塔族人的活跃时期。另外,经考证,发现人头石像的原始森林正是当年拉文塔族人生活居住过的地方。在墨西哥的民间有一个古老的传说:远古时代,在茫茫密林之中,生活着一个曾经创造过高度文明的部族,即拉文塔族。他们居住在雄伟壮丽的城市里,宫殿厅堂林立,室宇栉比,结构复杂,建筑布局和谐,在墙壁和天花板上有大理石镶嵌的精细雕刻,有用黄金和珠玉镶成的壁画,金光灿烂,十分美丽。因此,有理由认为是拉文塔族创作出了这些令人瞩目的人头石雕像。

自然,也有学者反对。因为:(1)史书记载说,拉文塔族在1000多年前突然消失得无影无踪了,他们究竟到哪里去了呢? 这已成为墨西哥历史上的一个千古之谜,至今谁也无法说出他们曾经生活过的具体地点和真实情况。(2)更令人难以置信的是:雕刻这些人头石像的原料玄武岩,全部是从300多千米以外的地方搬运来的。据一些学者考证,当时墨西哥以及整个美洲都还没有车轮,也没有牛、马、骆驼等畜力运输工具,只靠人力,他们是用什么方法把重达数十吨的整块巨石刻成的人头石像搬进原始森林里去的呢? 在科学技术低下的远古时代,这是一个不可思议的奇迹。

更让人疑惑的是,古人为什么要雕刻这些人头石像? 用途又是什么呢? 为什么都没有身躯和四肢? 其脸型又究竟以当时什么种族人为摹刻对象的? 这些问题,国际考古学界和史学界仍无法作解释,至今是个不解之谜。

小雁塔为何乍离乍合

小雁塔位于西安市荐福寺内,正式称呼应该是"荐福寺佛塔"。小雁塔建于唐代景龙年间(707~710年),因低于大雁塔而被称为小雁塔,是现今保护较好的唐代古塔。

小雁塔属于密檐式砖构建筑,塔形秀丽,被认为是精美的建筑艺术遗产。小雁塔原有15层,明嘉靖三十四年(1555年)遇到地震毁去两层,现存 13 层。塔平面为正方形，基座为砖方台，整个建筑具有典型的唐代建筑风格。而从第六层起，塔身急剧收缩，呈现出流畅飘逸的柔美曲线。1989 年测定塔的总高度是 43.395 米。

明代嘉靖三十四年（1556年）12 月 12 日午夜，发生了震惊中华的华县大地震，震级达到 8 级，是我国历史上著名的特大地震之一。据古书记载，这次大地震"同移数里，平地裂陷，水溢出。西安诸府州县城皆陷没"，"压死官吏军民奏报有名者达八十二万余人"。

小雁塔

西安距离震中仅 80 多千米，是地震严重波及的地区之一。有 3/10 的居民死于地震，地面破坏严重，许多建筑遭到毁灭性的破坏，尤其是高大的建筑物所剩无几。整个西安，到处是一片断壁残垣。但令人吃惊的是，小雁塔却依然傲然矗立于大地上！

在华县大地震之前，明成化二十三年（1487 年）的一次破坏性地震中，小雁塔从顶部到底部裂为两半，裂缝宽达 30 多厘米。但在明正德十六年（1521 年）的一次地震中，这巨大的裂缝竟在一夜之间弥合了，从外面看，就像是一座完整的没有破坏的塔。后来，小雁塔又多次分裂又复合，复合又分裂。在民国年间，小雁塔在一次地震中第四次裂开。一直到了 1965 年，国家对小雁塔进行维修，并用钢箍加固了塔身，小雁塔反复裂合的历史才结束。

小雁塔自建成 1000 多年来，经历了 70 多次地震，不仅塔身严重裂

开，塔顶也受震坍落，原为15层、高45米，现剩13层、高43.3米，但是却没有倒塌，不可谓说不是一个奇迹！尤其它的"四裂三合"，旷世罕见。古代人因为不明其理，故认为小雁塔有昭示世运盛衰，预兆吉凶之能。当地的民间曾经流传"动乱之年塔缝开，大治之年塔缝合"的谚语，这给小雁塔的裂合之谜更增添了神秘的色彩。

但现在经过科学家的考察，对小雁塔地震裂合之谜已经有了比较科学的解释。小雁塔的反复裂合都有特定的规律，即多是大震裂、小震合。由于小雁塔自身构造存在一处致命的缺陷，它与早期的唐塔一样，南、北两层的门窗洞口，上下开在同一垂直线上，这样便在此形成塔身强度最薄弱的断面，虽裂成两半的塔身仍十分坚固，其重心又未越出既宽又广的底面，所以没有倾倒之虞。值得庆幸的是小雁塔裂开后，下一次地震正巧是小震，小震水平推力不大，不足以将塔推倒。相反，由于分为两半的塔身重心仍偏向塔中，所以轻微的震动反使它向中间聚拢，由裂变合，而一旦合拢后，当然也就多少增强了其内在联系，从而提高了抗震能力，以致"四裂三合"。

现在小雁塔依然矗立在大地上，向人们展示着它不平凡的历史。

庞贝城是怎么毁灭的

庞贝城位于意大利半岛西南角坎佩尼地区，早在公元前7世纪，它就是一座人口超过2.5万的酒色之都；也是一座背山面海的避暑小城，它吸引着大量的罗马人来此寻欢作乐，但是一夜之间，这一切就都灰飞烟灭了。

公元79年8月24日，海拔1277米的维苏威火山喷发，瞬息之间，火山喷出的灼热岩浆遮天蔽日，四处飞溅。庞贝遭遇了毁城之劫，居民全部遇难。

1748年，庞贝城被一位当地农民偶然发现，但直到今天，庞贝城也只有3/5被考古学家挖掘出来，仍有许多的死难者和建筑等被深埋于地下。

庞贝城占地面积约 1.8 万平方千米,用石头砌建的城墙周长 4.8 千米,有塔楼 14 座,城门 7 个,蔚为壮观。纵横的 4 条石铺大街组成一个"井"字形,全城被分割成 9 区,每个城区又有很多大街小巷相通。庞贝城还有 3 座大型的剧场,最大的一座建于公元前 70 年,可容纳 2 万人。城内还有鱼池和喷泉,十分壮观。

可惜的是这座城市在火山喷发中被毁灭了,据说公元初年,著名的地理学家斯特拉波根据其地形、地貌特征,判断这是一座死火山。庞贝人对此深信不疑,在这座火山附近建城并开始寻欢作乐。但是庞贝城离火山还有一定距离,居民们为什么在火山爆发时没有利用时间逃走呢?难道他们是被火山喷发时所产生的毒气致死的吗?地质学家的研究表明,火山喷发时,空气会被岩浆和火山灰中所含的大量硫、磷等有毒元素污染,而维苏威火山海拔高于庞贝,有毒空气顺风而下,致使庞贝城上空的空气成为"毒气",庞贝城的居民可能就是被这种"毒气"熏死的。从考古学家挖掘出的庞贝市民遗体残骸判断,因为这些遗骸大多处于痛苦挣扎的可怕姿势,有理由相信,人们是在毒气的渐进作用之下,逐渐失去知觉死亡的。从近年来的一些最新考古发现中,法国的两位考古学家惊奇地发现,庞贝的地层呈现出多层颜色不同的"地带",不同的"地带",其土壤成分亦不相同。经过进一步实地挖掘与化学分析,他们从较为靠下的"地带"中分离出一些仅属于岩浆和火山灰中特有的粉尘物质。这些物质有可能就是杀死庞贝市民的真正"凶手",就是说,人们可能是因呼吸时不断吸入含有这种粉尘的空气,最终窒息而死的!我们可以想象,当在维苏威火山喷发时,庞贝城中的人们还处于一片纸醉金迷的世界中,所以来不及逃跑就被火山灰覆盖了。庞贝城的毁灭之路给了我们很大的警示。希望这种悲剧不要重演。

海底的洞穴壁画

1990 年,一个法国业余洞穴探险者队在地中海的苏尔密乌海湾探索古代沉船遗物时,发现了一处海底洞穴壁画。壁画上画着 2 头野牛、1 只鹿、2 只鸟、1 只山羊、6 匹马和 1 只猫,形象逼真,栩栩如生。说起它的发现,颇为曲折。

1985 年,洞穴业余探险者亨利·科斯克乘坐他专门用于探险活动的"克鲁马农"号船只开始对苏尔密乌海湾进行探索。一天,他在水深 36 米处的岸壁上发现了一个隧道口。正在他要下潜时,携带的照明灯突然熄灭了,加上海水浑浊,看不清周围的景物,不得不停止探索,回到岸上。

到了 1990 年,科斯克又找到了隧道口,进入了隧道尽头的洞穴,借助于手电的光束,他看到了洞穴的石壁上有手的印迹。他决心探个究竟,就邀请了其他 6 个伙伴组成了以科斯克为队长的水下探穴队。

7 月,7 名水下探穴队员乘坐"克鲁马农"号船,在海底隧道口前面的海上抛锚停泊。他们穿戴好潜水装具,下潜入海底,找到了那个隧道口。潜游约 20 分钟,他们通过了长约 200 米的水下隧道。当他们浮出海面时,一个令人惊异的奇观便呈现在眼前。在这高出海平面 4 米,直径约 50 米的洞穴里,千姿百态的钟乳石挂满洞穴;在灯光的照耀下,石壁上的 3 只手印清晰可见,还有那栩栩如生的动物壁画,简直让他们感觉进入了神圣的殿堂。经过一阵激动之后,他们赶紧拍照、录像。他们不仅为这些艺术品发出赞叹,而且产生了疑问,这些海底洞穴壁画究竟是史前艺术家的作品呢,还是后人有意制造的恶作剧?为此,他们决定在真假未定的情况下暂时对外保守秘密。

到了 1991 年 9 月 1 日,发生了 3 名业余水下探险者在苏尔密乌海湾失踪的事件。科斯克参加了寻找失踪者的行动。他迅速潜入这个神秘的洞穴,在石壁下的隧道里找到了他们的尸体。原来这三名业余潜水者由于缺乏潜水经验,没有携带水下电筒等必需的潜水设备,在黑暗的海水里误入隧道而迷失方向,最后缺氧窒息致死。科斯克面对着这个海底隧道将要被公之于众的事实,遂决定将海底洞穴壁画的秘密公诸于世。9 月 3 日,他便向马赛海洋考古研究所报告了这一发现,并要求采取措施保护这些壁画。9月15日,科斯克和史前考古学家让·古尔坦带领的水下探险队潜入海底洞穴,采用现代分析仪器对洞穴内的氧气、水、岸石等进行了调查研究,初步认为洞内的壁画可能是史前人类用黑色木炭和红土完成的。据古尔坦分析,石壁上的手印可能是史前人类在动物脂肪里混入有色矿石粉末制成油彩,然后将手贴于石壁上,用空心兽骨将油彩吹喷到石壁上,制成了这一杰作。

人们疑惑不解,1万多年前,古代艺术家是怎样潜入这个海底洞穴的? 洞穴壁画为何可以保存得这么好呢? 有的考古学家解释说,那时正处于冰河时代,地中海海平面比今天要低100米以上,苏尔密乌海湾水下隧道无疑是处于海平面之上,人们可以很容易地从悬崖下的隧道口进入洞穴。后来冰河时代结束,海水上涨,海水将隧道淹没,洞穴被密封起来。所以洞穴内的壁画被保护起来,避免了风化和破坏,直到今天。

但也有人质疑它不是1万多年前的作品,认为它可能是后人伪作的。而且这一带是否曾有史前人类居住,也没有确切证据。因此,这些神秘壁画还有待进一步考证。

揭秘凶宅

提起凶宅,相信每个人都会有些害怕,但又觉得充满了神秘。古书通常说住进"凶宅"不是大祸临头就是重病甚至暴死。此类现象在欧美国家一向用"凶宅"来解释,而在中国古代是用"风水"和"报应"来解释。在清代曾传说古老的北京城里有十大"凶宅",一般都是深宅大院,院落重叠,阴森可怕,常常闹鬼,因此往往废无人居。

享誉世界的"凶宅"有四个地方。一是在埃及一座高大的法老墓附近,有一幢第一次世界大战时期英国军队修建的兵营。当英国士兵入住3个月后,就接连有人出现身体颤抖、口齿不清、牙齿脱落的症状,一直发展到双目失明,最后全身扭曲一团,在强烈的抽搐中发出悲惨的嘶叫声痛

苦地死去。当地人认为，"凶因"是因为居住者触犯在地下已安眠几千年的尊贵无比的法老。

二是在美国迈阿密，由早期白人殖民者用一种黏土以"干打垒"的方法建成的住宅。但是最早的主人很快放弃了这座建筑。因为他们在这里刚住上两个月，就出现了咳嗽、胸痛等症状并逐渐加重，夜里有被一双魔爪拼命压住胸口，几乎窒息而死的感觉。离开这里后，症状很快就消失。

三是在印度有一群被称为"凶宅"的住宅群。传说那些人在死去的时候，撕破自己的衣服，抓烂自己的皮肉，含糊不清而又声嘶力竭地呼叫着人们并不认识的某个人的名字。当地人认为死者所指的那个人是一个古老的神灵，而那片地方就是神灵的领地。

四是在比利时布鲁塞尔远郊的一幢现代化别墅，建成后主人搬进后不久就出现程度不同的头痛、精神恍惚，女主人甚至出现严重的精神错乱，最终因心智发疯而跳崖自杀，其他人搬出别墅后精神病状竟不治而愈。

近代，科学的发展已经让"凶宅"的成因渐渐露出本来面目，一种认为"凶宅"现象与电磁污染有关。在不少城市中的工业区内，整个地面上都是密密麻麻如蜘蛛网似的地电流穿过，以及局部性的磁力扰动，遍及面更广。如果在这种地电流与磁力扰动交叉的地方建造住宅，便会导致对人体损害极大的电磁波，辐射到住宅内，造成居住在这里的人们产生精神恍惚、惊慌恐怖、烦躁不安和头疼脑昏以及失眠等症状。

二是"凶宅"现象与重金属、放射性元素有关。有些"凶宅"是宅基有重金属矿脉隐藏，或附近有排放有毒重金属加工厂的存在所致；还有一些住宅由于地下有一种无色无味的放射性气体"氡"，不时向地面放射，同时通过人的呼吸道进入并沉淀在肺组织中，破坏人的肺细胞，从而引起肺癌以及其他呼吸道方面的癌症。

三是"凶宅"现象与住宅选址有关。纵观中国的风水理论，古人在民宅选址上，一大原则就是在住宅的正门前不能种大树。用今天的科学观点来看,这里面包含着一定的科学道理:因为大树会挡住阳光的照射,使宅内阴暗无光,并会影响屋内的空气流通,还极易招致雷击。此外大树的树阴很容易滋生蚊蝇,从而影响宅内主人的健康;大树还会招飞鸟前来栖息,而鸟儿落下来的鸟粪也会导致环境污染。古人为了避免"凶宅"之祸,凭着对自然界的朴素认识,在建筑民宅选址时的目标是有"紫气东来"、能"五世其昌"的"吉宅"。

总体来说,"凶宅"的形成与环境有关,在建造房子时需考虑采光、通风、舒适和绿化等各方面。而以上提到的凶宅,都可以从房子的结构,环境方面发出质疑,那些凶宅也便不再是神秘让人恐惧的了。可以说,"凶宅"只不过是一种迷信,我们需要用科学的态度来解决"凶宅"的问题。

岩画谜踪

神秘的岩画被人们认为是敲开一个地方甚至一个未知世界文化的发展、没落的关键所在。岩画生动地表现了我们所不知的古人的世界和生活的面貌。有人赞叹说岩画是大地上的奇妙艺术,天空下的唯美想象,人世间的惊异绝唱。那些散落于世界各地的奇妙的岩画,是洪荒时期的艺术作品,是各民族异质文化的结晶,呈现出人类社会悠远的历史、神秘的认知与独特的生活理想。

印第安山脉的"涂鸦"杰作

远古印第安人在创作岩画时,用某种石制或金属工具把岩石表面凿破,从而露出岩石的本来色彩。然而随着时间的推移,被凿破的部分后来被不同程度地风化和氧化。也因此,岩石雕刻创作的准确年代很难确定。据估计,这些岩石雕刻大约有650～2000年的历史。

卡莫尼卡谷地岩画

瓦尔·卡莫尼卡是意大利著名的石雕画廊,位于意大利北部伦巴地区的阿尔卑斯山南麓峡谷之中。在这个长达70千米的峡谷中的2400块巨大岩石上,共刻有 14 万幅内容极为丰富、意义十分重大的石刻画。这些石刻画是在公元以前刻成的,前后持续了大约 8000 年,是关于人类祖先活动的宝贵记录。

岩画的创作年代最早可追溯到 1 万年以前。当时,一些半游牧的狩猎部落在卡莫尼卡河谷定居下来,并繁衍生息。大约经过 400 代之后,这些部落才被纳入古罗马帝国。当时的古罗马人就是卡莫尼卡人。瓦尔·卡莫尼卡岩画就是卡莫尼卡人的艺术结晶。通过对这些石刻画的技巧、风格和各个时期的内容和研究表明,卡莫尼卡石刻艺术是随着卡莫尼卡人的社会和经济结构的变化而变化的。

新疆巨幅岩画之谜

1987～1988 年在新疆呼图壁县西南天山中的康家石门子发现了一巨幅岩画。这里是深山荒野,人迹罕至的地区,山势陡兀,岩壁平直,就在这巨大的沙砾岩壁的平面上,雕琢出了一巨幅壁画,画面东西长约 14 米,上下高约 9 米,其面积达 120 多平方米,这里海拔高 500 多米,岩画距今地面高达 10 米。巨幅岩画由两三百个人物组成,人物鲜明。面幅之大,主题之集中,不仅在国内为首见,就是在世界原始文化艺术中也属罕见。古老的原始崇拜深刻地反映出当时原始社会思想意识和文化艺术的发展。但长期以来人们还是无法了解这巨幅岩画究竟是哪支古老原始部落所作,当年它又是怎样被凿刻到这么高的岩壁上去的呢?这些是新疆原始文化研究中的一个未解之谜。

东方瑰宝——莫高窟

莫高窟位于甘肃敦煌市东南 25 千米的鸣沙山东麓崖壁上,上下五层,南北长约 1600 米,俗称千佛洞,被誉为 20 世纪最有价值的文化发现。它始建于十六国的前秦时期,历经十六国、北朝、隋、唐、五代、西夏、元等朝代的兴建。莫高窟也是世界现存规模最宏大、保存最完整的佛教艺术宝库。莫高窟的艺术是融建筑、彩塑、壁画为一体的综合艺术。现存洞窟 492 个,壁画 45000 平方米,彩塑 2400 余身,飞天 4000 余身,唐宋木结构建筑 5 座,莲花柱石和铺地花砖数千块,被誉为"东方艺术明珠"。

莫高窟的选址之谜

敦煌莫高窟为何营建在一处断崖上呢?这是令学者十分疑惑的问题。关于莫高窟的开凿和选址流传最广的说法是据唐《李克让重修莫高窟佛龛碑》的记载,前秦建元二年(366 年),僧人乐僔路经此山,忽见金光闪耀,如现万佛,于是便在岩壁上开凿了第一个洞窟。但是这只是一个传说,并不足信。

最近,中国的有关专家从历史地理、社会经济的角度揭示了莫高窟营建之谜。莫高窟的开凿和营建绝非偶然,而是古代劳动人民的智慧结晶。敦煌地处荒漠戈壁腹地,为使洞窟免遭风沙侵蚀,古人将莫高窟选择修建在鸣沙山沙砾岩上,坐西朝东,与对面的三危山相望。呈蜂窝状排列的洞窟最高处不超过 40 米。冬季,风沙主要从洞窟背面的西方刮来,经过窟顶时,呈 45 度角吹下,而吹不到洞窟;夏季,东风盛行,风沙从东而来,莫高窟对面的三危山又成为天然屏障,使得风沙无法直接威胁到洞窟。因此,虽然莫高窟处在一片黄沙之中,却成为这片区域内最不容易被风沙吹到的安全地带。

莫高窟之所以选择远离敦煌城的地方,是因为要充分体现佛教与世俗生活隔离、与大自然融合的思想。

那么古人又为何选在敦煌而不是其他的地方修建莫高窟呢?这是因为古"丝绸之路"开通后,敦煌就成为汉唐时期中原通往西域的门户、中西文化的交汇点。敦煌作为当时繁华的贸易城市,各国商人云集于此。来往商人为祈求生意兴隆、人身平安,需要高级道场举行祈祷仪式,加之当时佛教盛行,于是,商贾贵胄纷纷出资开凿石窟。日积月累,就形成了现在规模宏大的莫高窟。

藏经洞之谜

1900 年在莫高窟居住的道士王圆箓为了将已被遗弃许久的部分洞

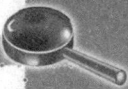

窟改建为道观,而进行大规模的清扫。当他在清扫第 16 窟甬道北侧时,发现了一个侧门,打开以后,出现一个长宽各 2.6 米、高 3 米的方形窟室,即为藏经洞,现在编号是第 17 窟。藏经洞内有从 4～11 世纪(即十六国到北宋)的历代文书和纸画、绢画、刺绣等文物 5 万多件。其内壁绘菩提树、比丘尼等图像。

藏经洞是中国考古史的一次重大发现,其出土文书多为写本,少量为刻本,汉文书写的约占 5/6,其他则为古代藏文、梵文、齐卢文、粟特文、和阗文、回鹘文、龟兹文等。文书内容主要是佛经,此外还有道经、儒家经典、小说、诗赋、史籍、地籍、历本、契据、信札、状牒等,其中不少是孤本和绝本。这些对研究中国和中亚地区的历史,都具有重要的史料和科学价值,并由此形成了一门以研究藏经洞文书和敦煌石窟艺术为主的学科——敦煌学。

从经卷上的印记判断,藏经洞中的经卷、法器等物品是从敦煌各寺院收集后集中封存在此的。随藏经洞的发现,数以万计的佛教经书典籍为何封藏于此也成为世人难解的悬疑。

较流行的观点是"宋初避西夏之乱说",认为藏经洞内没有西夏文字的经卷,而且汇聚敦煌各寺院的经卷,说明藏经之举极有可能缘于重大变故;而依据敦煌历史推测,藏经洞很可能是在西夏占领瓜州、沙州和肃州之时为避西夏之难而封闭的。

同时,根据避难的时间、对象,"避难说"还包括"宋绍圣说"、"曹氏封闭说"等多种学说。除"避难说"之外,学术界关于藏经洞封闭之谜的相关猜想还有"废弃说"和"书库改造说"等多类学说。总之,这也是一个没有解开的谜团。

万道金光之谜

据说在雨过天晴、空气清新的早晨或者黄昏的时候,如果从敦煌城沿着安敦公路行走,就会看到三危山在日出或夕阳的照耀下,放射出五彩缤纷的光芒。这就是著名的莫高窟"万道金光"。在《李克让重修莫高窟佛龛碑》中记载:"有沙门乐僔,戒行清虚,执心恬静。尝杖锡林野,行至此山,忽见金光,状有千佛,逐架空凿岩,造窟一龛。"

对于莫高窟的佛光,第一种解释是三危山为砂浆岩层,海拔高度约1846米,岩石颜色赭黑相间,岩石内还含有石英等许多矿物质,山上不生草木,由于山岩成分和颜色较为特殊,因而在大雨刚过,黄昏将临,空气又格外清新的情况下,经落日余晖一照,山上的各色岩石便同岩面上未干的雨水及空气中的水分一齐反射出五彩缤纷的光芒,将万道金光的灿烂景象展现在人们眼前。第二种解释是莫高窟修造在鸣沙山东麓的断崖上,崖前有条溪,叫大众河,河东侧的三危山与西侧的鸣沙山遥相对峙,形成一夹角。傍晚,落日的余晖穿透空气,将五彩缤纷的万道霞光照射在鸣沙山上,反射出万道金光,这和火烧云出现的原因一样。

中南林学院风景气象研究中心主任赖比星在《敦煌研究》发表文章认为,"万道金光"是自然界在一些特殊气候、地理环境条件下形成的较为常见的一种大气光象,即"宝光"(光在"衍射—反射"成像原理下形成的一种特殊光学现象)。而"千佛"则是观者自己的身影投射到"宝光"环中所形成的,由于云雾迷漫导致本影轮廓模糊,使观者误将其当作"佛祖"显灵,再加上半影或虚影的错位放大,相互重叠及遮掩作用,更觉得光环中有无数个"佛"在跃动。

白色袈裟佛像之谜

在莫高窟的壁画中人们发现有5福披着白色袈裟的如来佛坐像,这在中国的其他地方还没有发现过。这些白衣袈裟佛祖被分别绘在莫高窟的5个窟洞内,这些窟洞建于北朝时期。日本早稻田大学文学研究科博士滨田瑞美考证后发现,白衣佛具有3个明显特征:袈裟、身体皆白色;说法相,坐在草座上;住在山中石窟内,被千佛所环绕。而在有关的佛教经文记载中如来的身体是金色的。为何唯独这几座佛像是白色的呢?有专家认为白衣佛与南北朝时期盛行的修行法有关。禅观是南北朝时期盛行的修行法之一,禅观的"禅"是指集中意识后获得的心性统一和安定;"观"是"观想",指禅的境地里详细地思念、念想的对象。如果这个对象是佛,称为"观佛"。白衣佛全部绘于中心柱窟内,这就表明白衣佛与观佛有密切关系,而白依佛周围就是千佛图,也有十方诸佛之称,白衣服在千佛之中很是惹眼,具有强烈的存在感。

莫高窟是集建筑、彩塑、壁画为一体的文化艺术宝库,内容涉及了古代社会的历史、经济、文化、宗教等领域,是中华民族的历史瑰宝,人类珍贵的文化遗产。1961 年被国务院列为国家重点文物保护单位,1987 年被联合国教科文组织列入世界文化遗产名录。相信有一天,莫高窟的所有谜团都会被解开。

粤北古长城是谁修建的

长城在古代是作为防止外族侵略的军事防御工事,至今人们已发现了许多古长城遗址。2007 年,有考古学者在粤北(广东北部)山区的阳山县杜步一带石灰岩群山发现多处古长城遗址,这在岭南可是十分罕见。

阳山县多为石灰岩溶蚀山地,在古代是粤北与湘桂间的水陆交通要塞。发现的古城墙遗址与阳山县相距约 40 千米。古长城的遗址是由于清连公路高速改造绕山开拓施工便道时被发现的,城墙呈东西走向,盘踞于山顶,四周景色可一览无余。长城的垛口和女墙大部分没有坍塌,石头表面也没有风化。城墙全部用片状的石料精心垒成,高约 2 米,宽约 1.5 米,绵延数千米,城墙大部分都建在十分险峻的山岭上,虽经数百年的风雨洗涤,其保存状态依然完好。

在最西边的山顶上,有一座高 6 米、宽近 5 米的石头门垛威严耸立,有人猜想这可能是箭垛或者哨台。这段古长城全部由页岩堆砌,没有用灰浆黏合而成。门垛基础为条石,每块重约数吨。在一座保存还很完整的哨台门楣上方有一块石匾,刻有"泰阶星平"、"宣统三年立",字体还十分的清晰。用于修建古长城的都是重量数百千克的巨石,而这四处都是悬崖峭壁,人们不知道当时这些石头是如何被运上山的,又是如何修建的。

在一段城墙中,人们还发现了一座坚固的碉堡,其顶部及底座的巨型大石每隔20厘米就有一个人工凿成的石洞上下对应。古城墙每隔几米就有一个小孔,这显然是用来观察和射击的,用于军事防御。

有学者说阳山地势险要,历史上常屯军用兵,各种古堡城墙遗址多有发现。这些古长城等军事工事的出现均与那些兵荒马乱的年月统治者防御南方农民起义或征战围剿有关系。但是这么大规模的古长城在中国南方难以寻觅,在当地的县志中更没有记载,因此是谁修建了粤北古长城成了一个谜团。

一种看法是根据石匾上的字"泰阶星平"、"宣统三年立"推断古城墙是当时势力较为雄厚的地方家族武装集团为求防匪自卫而重修的防御工事。宣统三年(1911)年,是旧历的辛亥年,这一年爆发了著名的辛亥革命,宣布清朝的灭亡。气数已尽的清朝是不可能再拨付大批的银两和庞大的劳动力来修建如此庞大的工程。而在当地何屋村有一个传说,这段古长城自明末清初就已经出现雏形,后经族中何姓先辈前后14代人的苦心营造,围绕村周的长城鼎盛时期一度扩建到3千米左右长,其主要用途还是抵御猖獗的土匪攻城略地,保卫家族妇孺以及财产。这看法与传说正好相吻合,但是现在并没有证据证明这种传说是可靠的。

还有一种看法认为古长城与太平天国余部有关。有学者认为虽然这段古长城比不上北方长城的坚固,但是它并不缺少军事防御工程应具备的功能。根据其采用的石料、建筑风格之统一,而且是建在崇山峻岭中,其劳动力数量可想而知,背后必有严密的政权组织和雄厚的财力支撑,仅规模就不是一般乡绅家族有能力可为。而根据古长城的地理位置、规模和石刻来分析,其建筑年代和成因可能与太平天国农民军残余部队在岭南阳山一带的军事活动有关联,但具体的时间还有待进一步考证。

据阳山县博物馆的一位退休人员称,在阳山县边远山区杨梅镇也发现了类似的古代军事防御设施,据说山脊上有上百个野外古灶,当地民间传闻为当年太平军行军野炊所遗,后该地因此得名百灶坪。古长城与百

灶坪是否有联系也有待进一步考证。

粤北古长城还有多个谜团没有解开,但随着科学家的进一步考察,一定会在不久的将来揭开它神秘的面纱。

谜团丛生的"南海一号"

"南海一号"为南宋时期商船,长30.4米,宽9.8米,船舱内保存文物总数为6万~8万件。这是迄今世界上发现的海上沉船中年代最早、船体最大、保存最完整的远洋贸易商船,也是唯一能见证古代海上丝绸之路的沉船!

"南海一号"是1987年在广东上下川岛外发现的,至今已经20多年,2007年打捞工作开始进行,但同时也有很多的疑问。

"南海一号"为何沉没

有专家推测"南海一号"的沉没原因可能与海上风浪有关。据悉,"南海一号"的船体并没有发生大规模的断裂,因碰撞而沉没的可能性不大,而"南海一号"沉没的海域一直是台风等灾害频发的区域,所以沉没的原因可能是遭遇了大风浪。但也有专家说"南海一号"可能是超载沉没,因为如果"南海一号"是遇到风浪沉没的,其状态应该是翻倾;如果是触礁沉没,很有可能船头或船尾先插向海底。但是,"南海一号"的甲板几乎与海平面平行。而且在"南海一号"上面还发现了大量的瓷器、铁器,因此有专家提出超载的说法。

不过也有人反对超载说,"南海一号"的长度和宽度相当于宋代一艘100~200吨左右载重的船。载重量这么大,会因为大量铁器、瓷器而沉没吗?

"南海一号"是从哪里出发的

据考察"南海一号"的专家说,"南海一号"沉没时船头朝向西南240度,沉没方向与当年的航向大约一致,从这个方向来看,"南海一号"应是从中国驶出,目的地可能是西亚或中东地区。但是目前并没有任何信息显示"南海一号"是从广东出发的。还有一些专家根据"南海一号"上的货物判断"南海一号"自泉州港及其以北方向出发的可能性较大。

船主身份是什么

考古人员曾经从"南海一号"打捞上来一枚较大的金戒指,还有金手镯等黄金饰品,因此可以判断船主可能是非常富裕的。

"南海一号"沉没时,船上的人员是否都逃生了

专家分析说"南海一号"是一艘木船,船身也并不庞大,因此船上的人员想要逃离船只并不困难。但是真实情况如何,还需要进一步探索。

木质船为何长年不腐

"南海一号"位于海面下 20 米深处,被 2 米多厚的淤泥覆盖。但是到现在居然存得还十分完好。有人解释说"南海一号"所沉没的水下环境氧气浓度很低,而它被淤泥所覆盖正好使得船体与外界隔绝,避免了氧化的破坏。另外,"南海一号"使用的主要是松木,民间有谚语:水泡千年松,风吹万年杉。这说明松木十分抗浸泡。

"南海一号"的沉没在当时来说是一场灾难,但对现在来说却是极具考古价值的沉船,随着"南海一号"的出水,一切的谜团都将会烟消云散。

世界史上的神秘发现

神秘的海底铁塔

1964 年美国"艾尔塔宁"号科学考察船在一张照片中,清晰地看到一个顶端呈针状的水下"铁塔"。从塔的中部延伸出 4 排芯棒,芯棒与铁塔之间呈精确的 90 度夹角,每个芯棒的末端都有一个白色小球。综合起来看,照片上的东西很像是一座塔式发射天线。

研究人员认为,这座"铁塔"是智能生物建造的,并说,水下摄像机能拍到这个神奇的水上建筑物简直是天大的幸运。因为海底如此浩瀚无垠,而摄像机已输入电脑程序,它只有间隔固定的时间才开机拍摄。

究竟是什么人以何种方式到达如此深的海底?是出于什么目的去建

造它的?

不久,新西兰的UFO研究者把照片寄给美国从事月球遥控器指令研究的航天专家C·霍尼,请他对此做出解释。霍尼说,凭他多年从事研究的经验,这个神秘的"海底铁塔"是测量地球地震活动的传感器和信息转发器,建造者可能是来自太空的外星人。他们借助这套先进的仪器,及时而准确地把地球上的某些信息传送到他们的母星上去,与此同时,也可能以地球某个学术团体的名义,将情报传给各国政府。

但是这一说法显然缺乏证据。那么,究竟是谁借助什么技术手段将这个水下"天线"安装在这人迹罕至的深海洋底的呢?这还有待进一步探索。

巴尔巴图案

秘鲁首都利马南部巴尔巴沙漠的土地上,有着举世闻名的巴尔巴图案——航海者(墨西哥人)、王室家庭和蜂鸟。虽然比起临近的纳斯卡图案(包括猴子、蜘蛛和狗)来,巴尔巴图案略显逊色,但科学家说它们的年代可能更为久远,可以回溯到公元前200年。至于它们是何人所画,为何而画,怎样画成,至今仍未有定论,有人甚至认为是和外星人有关。

近日,有考古学家在秘鲁称,这些在地上的图案是以前人们祭礼中使用的引水渠道,它们大部分保存完整。但这一说法还有待验证。

踩在三叶虫上的足印

1938年美国肯他基州柏里学院地质系主任柏洛兹博士宣布,他在石炭纪砂岩中发现10个类人动物的脚印。显微照片和红外线照片证明,这些脚印是人足压力自然造成,而非人工雕刻。据估计,这些人足痕迹的岩石约有2.5亿年历史。

更早一些时候,有人在美国圣路易市密西西比河西岸一块岩石上,曾发现过1对人类脚印。据地质学家判断,这块岩石约有2.7亿年历史。最为奇特的发现,是在美国犹他州。业余化石爱好者米斯特于1968年6月发现了几块三叶虫化石。这些三叶虫化石上有一片有一个人的脚印,中央处踩着三叶虫,另一片上也显出几乎完整无缺的脚印形状。更令人奇怪的是,那几个人穿着皮鞋!皮鞋印长28厘米,宽8.5厘米。因此有人说,这是某个来自其他星球上的穿着皮鞋的二足智慧生物留下的。这种说法显然缺乏足够的证据,但又有谁能回答,这脚印到底是谁留下的呢?

之后,1968年7月,地质学名家伯狄克博士又在岩石上发现了小孩的脚印。

所有这些发现,经有关学者鉴定,均属实。犹他州大学地球科学博物馆馆长马迪生说,那时候"地球上没有人类,也没有可以造成近似人类脚印的猴子、熊或大懒兽,那么,在连脊椎动物也未演化出来之前,有什么似人的动物会在这个星球上行走呢?"

三叶虫是一种6亿年前生活在古生代浅海中的甲壳类动物,在2.8亿年前已经绝种。而人类,是在三叶虫早已灭绝了两亿多年之后的200万年才出现。人类生活的年代与三叶虫的时代相差2.7亿年,而人类穿上鞋子的历史最多只有三四千年。这一切,又该如何解释?

沉睡一万年的海底围墙

人们是很偶然才发现海底围墙的。1968年春天,两位美国作家驾船经过比密里岛北岸0.25海里处,发现了海底中有一些巨大的石头。这些石头每块约有6米长、3米宽、0.6米高,明显是经人工雕琢而成的,这引来了许多的人来海底探险研究。考古学家考证后说,这些石头在水中至少已经沉睡1万年。那么,1万年前它们是些什么呢?如果它们是围墙,则说明海岛上曾有过一个文明程度很高的城市。令人奇怪的是,岛上除了围墙,好像没有别的建筑物,而且史书上从来没有过关于这个海岛城市的记录。如果说当初岛上就只修建了这么一座围墙,那就更加令人费解了。围墙为什么会沉入海底呢?至今无人能够解答。

三万年前的手印

加加斯山洞位于欧洲比利牛斯山脉,有"手掌山洞"之称。在加加斯山洞里面黑色洞壁上,这些掌印历经3.5万年之久,仍光彩夺目,不曾褪色;有些掌印呈黑色,印在红色框里;另一些则是红色。大多数掌印总有

两只或多只手指缺一截。

加加斯洞穴的手印,也许是现存最古老的洞穴艺术形式,约形成于3.5万年前的冰河期后期,由今天欧洲人的直系祖先克罗马农人所绘。但为何手印残缺不全呢?有人猜测是因为某种宗教仪式将这些人手指切掉了。但这只是一种猜测,没有人明白这些断指的手印代表的意义。克罗马农人是旧石器时代后期某些穴居族之一,但他们不是最早在加加斯山洞壁上留下痕迹的生物。在他们之前,在洞内留下痕迹的是一度在西欧各地游荡出没的巨熊。这些巨熊在洞壁软石上磨锐前后肢的爪,于是就在壁上留下爪痕。在这些爪痕之间,散布着一些凹入土中的连绵曲线,则可能是人类模仿巨熊留下的痕迹,其历史也许比手印还要久远。

神秘的墓碑

1949年,考古学家阿尔韦托·鲁斯在墨西哥帕伦克"铭文庙"的最上层平台发现了一个通向坟墓的台阶。上面有一个3.8米长、2.2米宽、带有神秘装饰图案的石板。数十年来,专家们对这个图案的意义争论不止。它展示了一个祭台上的玛雅少年吗?是一个遭到原始巨型怪物复仇的人?还是一个从脖子上长出玉米新生命的谷神?甚至有人从中看到了一个宇航员,唯一可能确定的是坟墓的主人是玛雅侯爵帕卡尔,他死于公元7世纪。除此之外,人们对这个墓碑一无所知。

海底的神秘城市

1968年以来,人们不断地在秘鲁的比米尼岛一带发现巨大的石头建筑群静卧在2000米深的大洋底下,这些石柱像是街道、码头、倒塌的城墙、门洞……令人吃惊的是,它们的模样与秘鲁的史前遗迹斯通亨吉石柱和蒂林特巨石墙十分相像。今天虽然已经无法考证这些东西始于何年,但是根据一些长在这些建筑上红树根的化石,表明它们至少已经有1.2万年的历史。这些海底建筑结构严密,气势雄伟,石砌的街道宽阔平坦,路面由一些长方形或正多边形的石块排列成各种图案。1967年,美国的"阿吕米诺"号潜水艇在佛罗里达、佐治亚、南卡罗来纳沿岸执行任务时,曾发现一条海底马路。"阿昌米诺"号装上 2 个特殊的轮子之后,就能像汽车奔驰在平坦的马路上一样前进。

1974 年,前苏联的一艘"勇士号"科学考察船,在直布罗陀海峡外侧的大西洋海底,成功地拍摄了 8 张海底照片。从照片中可以清楚地看出,除了腐烂的海草外,有海底山脉、古代城堡的墙壁和石头阶梯。这些照片足以证明,这里曾经是人类居住的陆地。

最近,法国和美国两国科学家在百慕大海域西部,发现了一座巨大的海底金字塔。它的底边长 300 米,高 200 米,其塔尖距海面 100 米。

据研究,这座金字塔比埃及的金字塔还要古老。

所有这一切均表明,可能有过一个古代大陆以及文明社会被埋葬在大洋底下。然而 1.2 万年前,人类文明就如此发达了吗? 沧海桑田,由于地壳的运动,我们已经无法确切知道这个古老的城市是由谁建立的,只有那些古道城堡还依稀地诉说着一个文明的始末。

神秘山上的石室

美国新罕布什尔州的北撒冷 28 号公路上,竖着一块永久性的路牌,上面写着:"神秘山从此往东 4 英里,在 111 号公路边有一组私人拥有的奇怪石头建筑。"

这组奇怪的石头建筑便是著名的神秘山石室遗址。整个遗址中心由 22 个散乱的石板结构组成,占地约 4046 平方米。这些干燥的石室有的采用翘托筑法,使石墙上部逐渐向中央延伸以支持顶盖,其余则用大块石头或石板搭建。地面上用草皮覆盖,使有些石室看起来像地下洞穴。石室外还散布有矮石墙,占地 48600 平方米以上。

是谁建立了这奇怪的石室呢? 目的是什么呢? 这成了科学家、考古学家长久争论不休的问题。众多的专家们前往神秘山考察,从建筑的结构、奇怪的装饰和形状可以断定,它不可能是当地印第安人建筑。科学家对遗址采用放射性碳测定,得出结论:遗址建筑于公元前 175 年~公元前 2000 年,距今至少有 4000 年以上的历史。进一步的考察中,人们惊异地发现:这个遗址的形状是一个"圆周日历"。在遗址中有 2 块标示冬至日出和日落,2块标示夏至日出和日落的巨石。当人们站在遗址中的一块特殊的石头平台上时,在冬至那一天,太阳便从冬至石上冉冉升起,最后渐渐从标志冬至日落的石上坠下,夏至也是同样。

同时,在神秘山上还发现了刻在一块长约6米巨石上的星象图。它以北极星为中心,左边是仙后星座,右上角是大熊星座。另外,神秘山上还发现了大量刻有腓尼基和欧甘两种文字的铭文,其中一块起名叫贝尔坦的巨石上,刻着一组神秘的罗马数字。

神秘山遗址引起考古界的轰动。天文学家认为这是一个古代记录太阳移动的观象台,但是4000年前美洲还是一片蛮荒之地,即便近几百年,哥伦布发现美洲时,那里居住的还是原始的印第安人。因而4000年前那里绝不可能出现有这种精深天文知识的民族。那么,这些奇特的石室到底是谁建造的,那巨石上神秘的星图、数字到底要告诉我们什么呢?至今还没人解开能这个谜。

原始部落神殿遗址

在黎巴嫩巴尔别克村,有一个原始部落神殿遗址,它的外围城墙是用3块巨石砌成,每块都超过1000吨。其中仅1块石头,就可以建造3幢高5层、宽6米、深12米的楼房,且墙的厚度达30厘米。这三块巨石在当时是怎样运来的,至今没有人知道。

神秘之岛

莫约斯平原位于亚马逊热带雨林边缘。这里雨林很少,热带草原却极为辽阔。每到雨季,洪水泛滥,淹没草地,到了盛夏,干草一点就能燃起成片大火。想在这里居住,几乎不可能。然而,考古学家却在这里发现了与此地风景很不协调的地貌:大草原上不仅纵横交错着明显的不是自然产生的神秘直线,而且直线上点缀着一个个条块,直线附近则有成千上万个各自孤立、上面都长满树木的大土堆。

当地人把这些土堆称为"小岛"。考古学家却发现在每个"小岛"内部,曾有人居住的迹象,因为从每个土堆里都挖掘出了陶器碎片、木炭和人类遗骨。其中最高的一个土堆有18米高。经过3天多的发掘,考古学家在该土堆中发现了一大块陶器碎片，由其形状可以判断，它很可能属于一个用来烹饪食物的大缸子。而这些"小岛"显然不是自然地貌，而是史前人类定居的遗址。那么，它们是由什么样的人建造的呢？为什么要修建成这样呢？

"巴别"通天塔

地处幼发拉底河东岸的巴比伦城，在伊拉克首都巴格达南约100余千米处，矗立着一座年代久远的"巴别"塔，当地人称之为"埃特曼南基"，意为"天地的基本住所"。但是，为什么要建造通天塔呢？它是奴隶制君主的陵墓，还是古代的天文观测之地？至今没有人能回答。

石冢之谜

高加索石冢位于俄罗斯的阿迪格地区，它已经有数千年的历史。但是人们至今没有弄清这些中间有一个小圆洞的石冢是谁所建，目的又何在。因此它被称为巨人建造的小石屋，外星人的天文台。

这些石冢已经建立了5000多年。大约在30年前，人们在这个石冢中找到了两女一男的遗骨，还有动物骨架、铜和金的饰物及陶土器皿的残片。人们猜测，在这个石冢中曾经埋葬过当地的公爵，陪葬的是他的坐骑和两个妻子。

俄罗斯物理和地理学协会会员奥·特卡琴科说，无论泥石流还是滑坡都未能破坏石冢。科学家从来没有发现过它们遭到破坏的痕迹。奇怪的是，这种外形如儿童乐园中小屋的石冢居然能经得起风暴的袭击。

石冢的主要建材是石英和含石英的岩石。这种材料能够在受压时产生电流并且能够经受住不停的振动。莫斯科国立大学教授亚·孔德拉多夫认为，石冢能够产生与次声波相近的低频振动。众所周知，次声波对人是有危害的，长时间作用会引发癫痫病，但这恰恰可以防止石冢被盗。但是，石冢的用途应不止于此。

俄罗斯自然科学院院士格·叶廖明说，屋顶式石冢的倾斜度为

94.4度,圆洞的直径均为40厘米,如此严谨的构造决非偶然。他认为,石冢可以产生频率约为23赫的定向超声波。圆洞盖犹如现代技术中聚焦超声波束用的辐射器。石冢都建在山口等战略要地,可以用做军用激光器。也许,古人正是靠了这种看似渺小的石屋抵挡住了来犯的敌人。

如果真是这样,就会产生一个问题:谁能造出如此复杂的建筑物呢?难道古人类比我们还聪明?而俄国教授瓦·皮缅诺夫说,当年住在这些地方的阿第盖族连自己的文字都没有。也有人说,石冢应该与埃及和墨西哥的金字塔一样,属于史前巨石的一个组成部分。也许这就是负责承传宇宙文明发展信息的石头导体。而流传最广的说法是,这些石冢出自把生命从宇宙的深处带到地球上的人类始祖之手,但是这种说法也被大多数人否定了。总之,众说纷纭,至今,也没有人能回答这个问题。

吴国夫人为什么葬在河南

在河南固县出土了一个十分豪华的棺木,被称为"吴国夫人"。在出土的吴国夫人的墓坑中,有一个巨大的木椁,分内外两重。内棺中躺着一位身份显赫,年纪约30岁的女子。在她的周围还有17具陪葬的棺材,陪葬者的年龄,都在20~40岁之间,其中有5个健壮男子,9个中青年妇女。考古学家根据墓中出土的青铜器上的文字,判断这个贵妇人的封号是吴国夫人。但这个"吴国夫人"究竟是谁呢?她为什么会埋在距吴国千里之外的河南呢?

根据墓穴的豪华和吴国历史上的一次宫廷政变推测,这个"吴国夫人"可能是吴王僚的夫人。据历史记载,公元前514年,吴国曾经发生一次宫廷政变。但政变的原因却史说不一。一种说法是,当年吴王诸樊南迁苏州以后,制定了"兄终弟及"的规矩,也就是哥哥应该传位给弟弟。因此,王位从余祭、余昧传到了季札,但季札格调清高,他不肯接受王位。在

这种坚辞不受的情况下，余昧的长子僚违反祖制，接替了父亲。这就引起了诸樊的长子光的不满，于是拥护光的伍子胥和当地勇士专诸发动了"鱼肠剑专诸刺王僚"的宫廷惨剧。

光十分的有心计，他先用承诺和保证说服僚将三个勇猛善战的弟弟派遣在外，当时掩余、烛庸两人正率领大军，围攻在今安徽北部的楚国潜邑，威名远震的庆忌，正在今河南地区，联络郑、卫两国声援正在激烈进行的攻楚战争。所以，当吴王僚被砍杀于光的私宅之中时，没有一个人能救援光。僚夫人是宋国的公主，而宋国就在邻近的今河南省商丘一带。因此，当吴王僚被刺的消息传到了宫内，僚夫人很可能在亲随的保护下，逃离吴国，来到河南地区。一是重返故土，依附于兄长，继续其豪华的宫廷生活；二是便于和庆忌就近取得联系，以谋举兵报仇和复国。但是，已改称吴王的光又用伍子胥之谋，派刺客要离，打进庆忌大营，骗取信任。庆忌起兵南下，进攻吴国，在行军途中被其行刺，致使"报仇复国"大计彻底幻灭。而这位年轻的吴国夫人就再也没有机会返回吴国了，只好终生仰仗兄长。

据地方志记载，吴王僚被杀以后葬在了苏州城外的狮子山，而吴国夫人最后客死异乡，只身被葬在千里之外的河南，虽然是厚葬，但是其悲惨命运让人同情。

汉阳陵

20世纪70年代，陕西省咸阳市的农民正在兴修水利。忽然，有人惊呼挖出了骷髅，接着，不断的有骷髅露出地面，有的脖颈或脚腕上还套着笨重的器具。这些尸骨引起了文物部门的高度重视，也直接导致了后来整个汉阳陵的发现。

汉阳陵是汉景帝刘启及皇后王氏同茔异穴的合葬陵园，位于今陕西省咸阳市渭城区正阳镇张家湾、后沟村北的咸阳原上，地跨咸阳市渭城区、泾阳县、高陵县三县区。

汉景帝刘启(公元前 188～前 141),字开,是汉文帝刘恒之子。他在位执政 16 年,与汉文帝一起开启了"文景之治"的盛世。公元前 153 年,汉景帝开始修建陵寝,上述所说的刑徒陪葬群就是修建陵墓时受尽折磨或因不堪凌辱而反抗被处死的囚徒。

自挖掘以来,考古学家已对汉景帝阳陵进行了较大规模的调查、测绘、钻探、发掘和研究,汉阳陵就像是一座地下宝殿横空出世。

阳陵陵园平面呈不规则葫芦形,东西长近 6 千米,南北宽 1～3 千米,面积约 12 平方千米。由帝陵、后陵、南、北区从葬坑和刑徒墓地、陵庙等礼制建筑,陪葬墓园及阳陵邑等部分组成。帝陵坐西面东,居于陵园的中部偏西;后陵、南区从葬坑、北区从葬坑、一号建筑基址等距分布于帝陵四角;嫔妃陪葬墓区和罗经石遗址位于帝陵南北两侧,左右对称;刑徒墓地

汉阳陵挖掘出的女裸俑

及三处建筑遗址在帝陵西侧,南北一字排列;陪葬墓园棋盘状分布于帝陵东侧的神道两侧;阳陵邑则设置在陵园的东端。整个陵园以帝陵为中心,四角拱卫,南北对称,东西相连,布局规整,结构严谨,显示了唯我独尊的皇家意识和严格的等级观念。学术界关于汉陵面南还是面东这一长期争论不休的问题在汉阳陵中也得到了解决,阳陵帝、后陵坐西面东,更否定了汉代帝陵依照昭穆制度进行布局的观点。

阳陵园内 86 座从葬坑的考察,以及从葬坑的分布和坑内陪葬物品的放置对研究汉代帝陵制度、宫廷制度、帝王生活、陪葬习俗有重大的价值。其中位于帝陵东南、后陵正南的南区从葬坑和帝陵西北的北区从葬坑,分别占地 96000 平方米。1990 年 5 月,考古队开始对汉景帝阳陵进行大规模的抢救性整理,发现在南区和北区的从葬坑内密布着相同的 24 个陶俑坑。这使陵区已发现的埋葬文物增加了 1 倍以上,而且使阳陵陪葬坑内藏的各式陶俑大大超过了秦始皇陵 3 个陶俑坑的兵马俑总数。在 1990～1997 年,考古工作者分别对南区的 14 座丛葬坑进行了部分挖掘。这些坑中出土了排列密集的武士俑群,有堆放粮食的仓库,还有牛、羊、猪、狗、鸡等陶质动物及成组的陶、铁、铜质生活用具,全面展现了汉代的军旅场景,可能与西汉时期的"南军"、"北军"有一定关系。

阳陵陶俑不仅是西汉军事制度的直接反映,也是西汉社会政治、经济、文化全方位信息的载体,对研究汉代历史具有重要的史料价值。陶俑本身,造型生动、刻画逼真,具有很高的艺术价值,标志着我国古代雕塑艺术发展到一个新的阶段。

汉阳陵出土的陶俑只有真人的 1/3 大小,约 60 厘米高,赤身裸体且没有双臂。据研究,这些陶俑在刚刚完工时都身着各色美丽的服饰,胳膊为木制,插入陶俑胳膊上的圆孔,以便木胳膊可以灵活转动,但是经历了漫长的岁月后,这些汉俑的胳膊和衣服都已腐烂,只剩下身躯。汉阳陵陪葬坑中还发现了 50 多件彩绘骑士女武士俑,是我国首次发现的女性武士俑,这一发现说明女子从军的历史可能比南北朝时期的木兰从军还要早6 个多世纪。这些女俑大多面目清秀,身材匀称,但也有一些颧骨突起,面貌奇异,可能是当时的异民族兵员。比起秦始皇兵马俑的肃穆与刚烈,阳陵汉俑显得平和而从容,正反映了"文景之治"中安详的社会氛围。墓中还发现了大量的粟、糜子、小麦等粮食作物,其中有 11 颗经有关部门测定确认为是花生。这一重大发现为"中国是花生的起源地之一"的说法提供了实物依据,比传统说法提前了 1600 年。陶马、陶牛、陶猪、陶羊和鸡等动物俑一个个造型完美且富有生活情趣,汉代艺术家的高超技艺令人钦佩。

考古学家初步认为阳陵从葬坑里的这些陶俑可能是在西汉的京都中专门手工作坊统一制作的。近年来,考古学家又在今西安市城区西北的汉长安城中的一处遗址中发现大量类似陶俑,这可能就是当年制作陶俑作坊的遗址。

在汉阳陵的东南有一处罗经石遗址。此处地形隆起,外貌呈缓坡状。据考察,遗址近似方形,边长约 260 米,外围有壕沟环绕。遗址中心部分的最高处放置着一块方形巨石,被人们称之为"罗经石",经测定为正南北方向。有学者推测它可能是为修建阳陵时标定水平、测量高度和标示方位之用,是目前世界上发现的最早的测量标石。这处建筑遗址地势高亢,布局规整,规模宏大,应该是阳陵陵园中最重要的礼制性建筑之一。

阳陵的陪葬墓园区西起帝陵东侧约 1100 米处,东到马家湾乡米家崖村塬边,全长 2350 米,占地约 3.5 平方千米。整个墓区被壕沟分成若干个方块,成为墓园,这些墓园东西成排,南北成列,呈棋盘状分布。这样数量众多、围沟完整、布局规整、排列有序的陪葬墓园显然是经过精心设计的,但它代表的又是什么意义呢?

汉阳陵的奥秘还有很多,等着人们去探索。

黄帝的葬地桥山是哪里

《史记·五帝本纪》记载:"黄帝崩,葬桥山。"但桥山在哪里呢?在陕

探索地理的奥秘

TANSUO DILI DE AOMI

西省黄陵县城北 500 米的桥山之巅有黄帝陵墓。它是 1961 年国家公布的全国重点文物保护单位。桥山是否真是这里呢？

但是据《魏土记》的记载："下洛城东南四十里有桥山，山下有温泉，泉上有祭堂，雕檐华宇被於浦上。"在水经注中也有同样的记载：灅水（今桑干河）经过下洛城（今涿鹿）南之后，"温泉水注之，水上承温泉於桥山下"。涿鹿桥山位于今河北省涿鹿城东南 20 千米的温泉屯乡温泉屯村南，它是以山顶上天然形成的一座拱形石桥而得名，海拔 918 米。在桥山附近的一道山梁上有一座巨大的四方石桌，传说是祭祀黄帝时在此摆设祭品的。石桌右侧有一峭壁，壁面平整，上面布满与象形文字一样的图案，当地人说是古人刻石记事而留下的遗迹。历史上，涿鹿桥山不仅建造了黄帝庙，在桥山下的温泉上建有祭堂，在今温泉屯村西还建有一座宜乡城，城中筑有"温泉行宫"，是专门供各代帝王到桥山祭祀黄帝庙时的居所。

在古代文献中，多处记载了许多帝王到桥山祭祀黄帝的活动：《魏书》载北魏道武帝拓跋珪于天兴三年（公元 400 年）五月，"幸涿鹿，遣使者以太牢祠帝尧、帝舜庙"；同一年，远在建康（今南京）的东晋皇帝司马德宗也到桥山去祭祀黄帝；神瑞二年（公元 415 年）六月，拓跋嗣"幸涿鹿，登桥山，观温泉，使使者以太牢祠黄帝庙"；后来，拓跋嗣又于泰常七年（公元 422 年）九月幸桥山，"遣使者祠黄帝、唐尧庙"。

桥山和涿鹿又有什么关系呢？现在的涿鹿是否为史书所称的涿鹿呢？据《史记·五帝本纪》记载："黄帝与蚩尤战于涿鹿之野"。西汉贾谊的《新书·制不定》载："黄帝行道，神农不德，故战于涿鹿之野。"北魏著名地理学家郦道元《水经注·水篇》记载："水又东过涿鹿县北"，"涿水出涿鹿山，世谓之张公泉"，"黄帝与蚩尤战于涿鹿之野，留其民于涿鹿之阿，即于是也，泉水东北流，与蚩尤泉会水出蚩尤城"。

需要说明的是，许多的史书将"涿鹿"写成"浊鹿"，如南宋罗泌《路史·蚩尤传》载："蚩尤好兵而喜乱，逐帝而居於浊鹿。"此处经"涿"写成"浊"并不是笔误，而是涿字的演变过程。在先秦古籍《逸周书》以及在后

人对此书的批注中，就常有"浊鹿"二字的出现。如"蚩尤徙居于浊鹿，诸侯叛之，阪泉以亡"。清直隶宣化府保安州知州杨桂森在《矾山考记》中说："浊鹿即涿鹿。"在陈稚常编写、顾颉刚校订的《中国上古史演义》第二回"千古文明开涿鹿"中记述，黄帝与蚩尤战于涿鹿之野，把蚩尤追杀在阪泉（在今涿鹿县城东）之后，黄帝又召集各国，大会于釜山（今涿鹿县城西南）。

1983年春，中国社会科学院以侯仁之教授为组长的一行10名学者赴涿鹿考查，确认涿鹿县的矾山镇一带正是司马迁、郦道元等人记载的"黄帝与蚩尤战於涿鹿之野"的所在地。1984年6月黄陵县考古学者高坤安等人从河南、山东考查以后又专程到涿鹿县，证实史书上说的"涿鹿之野"就是此地。综上所述，涿鹿是约定俗成的专用地名，正是"黄帝与蚩尤战於涿鹿之野"的涿鹿。史书所称的"邑於涿鹿之阿"就是今涿鹿县矾山镇西侧古城，又名黄帝城，此城遗址尚存。传说是轩辕黄帝所都，正是《山海经》记载的轩辕之丘。由此可见埋葬轩辕黄帝的陵墓，应是今河北省涿鹿县的桥山，而不是在陕西黄陵县城北。因为黄帝战斗在涿鹿，居住在涿鹿，死后，完全没有理由要将尸体运往千里之外的陕西安葬。至於陕西黄陵到底缘何而得名，它是黄帝的衣冠陵，还是其他形式的陵墓，这就需要进一步的考证了。

皇陵建筑布局有何讲究

从中国最早的王朝——夏朝开始，作为最高统治者的历代帝王，不仅在生前建造豪华、奢靡的宫殿，死后也建造恢宏的陵墓，希望继续享受世间的荣华富贵。当时，各个帝王陵墓大多按照家族的血缘关系，实行"子随父葬，祖辈衍继"的埋葬制度，都集中在某一地区。在各陵墓和附属建筑的周围还划分出一定的地带作为保护、控制的范围，称为陵区。陵区占地非常广阔，周长少则几十千米，多则上百千米。各个朝代陵区的各种建筑物的都有严密的规划布局，皇权至上以及皇家的显赫气势可以从陵园的分布、建筑格局上异常深刻地表现出来。那么,皇陵的建筑布局有什么特点,作用又是什么呢?

根据现在的考古发现可知,皇陵周围陵区的设置至少在盘庚迁殷的时候就已出现,并且一直延续到清代。陵区一般多选择建造在离王朝自身都城不远的环境优美的地方。初期的陵园,有的利用天然沟崖作屏障,多数则在陵的四周挖掘城壕或夯筑围墙,或修造栅栏似的建筑。陵园一侧有门,园内除陵墓外,当时的附属建筑很少,甚至没有。在春秋战国的几百年时间里,陵区内附属建造才渐渐增多,与陵墓一起构成气势恢宏的陵园。

到了统一四海的秦汉时期,陵墓及各种功能的附属建筑已经构成了布局严禁、规模庞大的建筑群。秦汉之后,各朝代的陵园、陵区的布局和各类建筑物的设置、结构、功能,陵墓的构筑形式,陪葬品的种类等各方面既有沿袭传统的表现,也有发展变化的特点。古代一些少数民族的首领陵寝则不同程度地保留了原有的葬俗。

在历朝历代所建造的陵园中,秦始皇陵可谓是空前绝后的伟大杰作。

北宋皇陵

秦始皇陵的布局不仅沿袭了秦国的陵寝制度,而且还吸收了关外六国陵寝建制的一些作法,规模超过了当时已往的各种陵寝的建制,设施更趋完备。秦始皇陵整体上是仿照都城宫殿的规划布局,这充分体现了统一以后的中央集权制封建皇权的至高无上与神圣威严。陵园周围有内外两重墙垣、内垣周长2.5千米,外垣周长6.3千米。外城墙垣四角设警卫用的角楼。根据当时以西为上的惯例,同时为了显示秦国雄踞西方,横扫六国,统一四海的威风,整个陵园坐西朝东。陵园内有庞大的寝殿、便殿、陪葬坑等,陵园以东有陪葬墓区和兵马俑坑。其中,兵马俑坑又被国外称为又一个世界奇迹,8000多个排列在陪葬坑中的陶制与其人等身的兵马俑,可谓气势磅礴,威武壮观。

秦始皇陵的陪葬坑——兵马俑

西汉的陵园是仿其京都长安所建。陵园呈长方形，只有一重城，陵墓居陵园中央。所有陵园的方向都是坐西朝东。在四面门阙中，东门和北门较宽大，和长安城宫廷门阙的建制一样。陪葬墓区也在陵墓前方。西汉初期，帝、后在一座陵园内异穴合葬。寝殿建在陵园内。从汉文帝开始，皇帝和皇后各建一座陵园，仿照生前宫室位置，帝陵在西，后陵在东。陵寝殿堂等建筑都按制建于陵园围墙内外附近。到了汉景帝时，又在文帝霸陵旁边建庙。此后，皇陵制度中的寝、庙都建造在陵园之内并且一直延续到西汉末期。

到了东汉时期，皇陵陵园的布局有很大的变化。从汉明帝开始，陵园四周不设垣墙，代之以"行马"，即设置木制警戒设施。陵寝也由坐西朝东改为坐北朝南，和洛阳宫城方向一致。在废除陵旁立庙制度的同时，在陵墓前加建"石殿"，专供定期朝拜和祭祀大典之用，以加强墓祭功能，突出朝拜祭祀礼仪。另外，还在陵园或寝殿前加设神道石刻。这对唐、宋以后的陵墓设置有很大的影响。尤其是神道上的石刻雕塑群，被后来的设计者们有意的放大。当谒陵人在御道两侧庞大的雕刻群俯视下行进时，就会感到自己的渺小和地位的低下，使人感受到皇陵的神圣和威严。

魏晋南北朝时期，由于社会动乱不断、国家处于分裂的格局、经济力量薄弱，使得许多帝王不得不将大部分的精力用在对权力的稳固和领土的扩大上，被迫放弃了秦汉以来建筑豪华陵寝和厚葬的制度。北方政权的许多君主，由于担心陵墓被盗，所以多采用本族葬俗或采用"潜埋"、隐墓的方式，即不起坟丘，同时废除了陵寝的大规模建造。直至北魏孝文帝推行"汉化"政策后，汉代的陵寝制度才开始恢复。从那以后，高大的坟丘、庞大的陵园又重新修建。东晋、南朝帝陵多因山为体，方向依山川形势而定，无俗成之规。厅堂的建筑与上陵礼仪亦多继承或恢复汉制。陵前的神道设置逐渐延长，两侧石刻也日益增多。

到了唐代，由于经济和国事的强盛，皇帝陵寝的规模不仅超过了历朝，而且布局、规划更为整齐、周密。从乾陵开始，唐朝陵园的布局全部模仿长安城的建制设计。陵园坐北朝南，四周筑以围墙，两面各辟1门。门

的名称也如长安都城之制。陵园由南向北,进入南门朱雀门,陵园西南角为寝宫,正中墓前方为献殿,陵墓后面一段距离即北面围墙正中的北门即玄武门。陵园南门围墙以南,依次排列着 3 对土阙与幽长的神道。谒陵时即经土阙,土阙后沿神道两旁排列有许多石人、石马、石象或其他石雕动物等,走完神道,即是陵园南门。在土阙或神道以前或其两侧分布着许许多多的陪葬墓。陪葬者多为皇子、公主、大臣、将相、妃嫔等。整个陵园的布局都效法长安,以南门为正门,以南北向为中轴线,东西对称,体现了南面而立,北面而朝的设计思想。同时,又以皇陵为中心,突出了皇帝的主导地位。唐代的陵园布置对后来的皇陵产生了深远的影响。北宋陵园是承制唐朝的陵园制度但稍有变化。将寝宫从陵墓的前面西南部移到了陵墓的西北部,同时,陵园的规模与寝殿建筑等比唐朝稍逊一筹,这是因为北宋的陵园离北宋都城开封较远,建陵的时间也不长。到了南宋以后,为了不忘先帝和旧仇,死后归葬中原,因而他们只建造临时性的陵墓,规模较小。建筑简单。既不设置陵台,又不陈列石刻群。陵墓前面所建的上宫和下宫,同样建筑、分布在一条南北中轴线上。而元朝的葬俗比较特别,元代帝王沿用蒙古族的"潜埋"习惯,隐墓不起坟,葬后让马群把地面踏平以不显痕迹。无陵号,更谈不上建筑陵园。

　　明清陵园的建筑、布局基本是沿用了唐宋时期的陵园风格,但在基础上也有所改变。其中主要是受都城北京宫殿建筑格局的影响,废除了原来的陵寝和寝宫分离的特点,陵园内各类重点建筑集结在一条南北向的中轴线上。陵园由方形改为长方形。其他附属建筑在陵园范围内呈东、西对称分布排列。明清的陵园多运用两座小山作为整个陵区或主要陵园的入口,然后进入石牌坊,石牌坊的中轴线正对着遥远的陵园山脉宅峰,其间依次布置长长的神道,且随着地势的升高,经陵园正门,第一、二个庭院,进入主体建筑寝殿,然后进入第三个庭院,经方城,到达明楼和宝城、宝顶。

　　从整体来看,明清时期的陵园各类建筑都是由中轴线贯穿南北,一气呵成,井然有序、层次分明、庄严宏伟,也使人们感受到皇室的威严。

各代皇陵的墓室结构有何不同

我国帝王的王陵规模宏大,地面上除了高大的坟丘外,地下还有大型的墓室,组成极其壮观的地下宫殿,十分撼人心魄。这些墓室的结构到底有多么复杂,各代的结构有哪些不同呢?

考古学家在河南安阳发现的商王陵墓的墓室是一个巨大的方形或亚字形的竖穴式土坑。墓室有的四面各有1条墓道,组成平面呈"亚"字形的墓;有的仅有1条墓道或对称的2条墓道分别组成"甲"字形或"中"字形的墓室平面。许多的墓室规模庞大,陪葬物也很多。西周和东周以及西汉前期的一些诸侯王陵墓的墓室,有的还保持着商代墓葬的形制。

战国时期的陵墓多在墓椁以外填充石灰、木炭、黏泥,甚至沙、石,进行夯筑,有些也在墓室内放置木炭等物,以吸收水分,防止潮湿,保护墓室。墓室中又很多厚重的棺材,显得豪华壮观。据历史文献的记载和考古资料文献和考古探测可知,秦始皇陵的地下部分十分豪华气派。地宫中有宫墙、角楼、棺椁、正殿、前殿、藏室、墓道和甬道等。另据文献记载,地宫中"以夜明珠为日月,人鱼膏为灯烛,水银为大海,黄金为凫雁,刻玉石为松柏",即墓室穹顶上画着天文星图,下边是大川河流、五岳和九州的地理形式,用机械灌输水银,象征江河大海永流不息,上面浮着金制的水鸟。用鲸鱼油为灯烛,以示长明不灭。从秦始皇陵发掘出来的兵马俑的陪葬坑以及宫人、车马的殉葬坑,囊括天地、山川、征战等自然景物和生活场景,布局严谨;壮观的墓室以及陪葬将秦始皇生前的辉煌展现无遗。到了汉代,皇陵的地下宫殿在结构和名称上有许多的变化。西汉中晚期多凿山为陵,墓室也多为横穴式,并分为耳室、前室和后室等部分。竖穴式墓则改用砖和石料构筑墓室。根据现在对西汉陵墓的考古推断,当时的大型墓葬已经去除了在棺椁中分成若干箱室以贮存陪葬品的作法,其形制和结构是仿照住宅的布局,将墓室分建成若干个房间。有车马房、仓库、接待宾客的厅堂、寝卧内室等。这种墓室结构起到了椁的作用,因而墓室内的葬具只有棺而无椁。至此，周代以来的棺椁礼制也逐渐被废弃。

在已经发掘的东汉时期规格较高的砖结构墓葬中，一般都将当时盛行的壁画艺术引入墓室。墓室绘有彩色壁画，或有摹印的画像砖。壁画题材十分广泛，除了神灵怪兽、历史故事以外，主要是以类似连环画的形式表现墓主生前的"丰功伟绩"。根据已发现的汉代地方官吏、将帅的墓室我们可以推测出，皇陵的地宫一定更加的富丽堂皇。

汉朝以后，砖石拱券或叠砌的墓继续沿用，但是其形式和结构却在不断的发展变化。自南北朝后，对进入墓室的修长隧道进行了结构变化的处理，沿隧道开凿通达地面的天井三四个，两侧配以耳室，最后到达墓地。

到唐代的时候，皇陵墓室结构也保持了南北朝的一些特点。唐代"号墓为陵"的懿德太子墓，是高宗李治与武则天乾陵的陪葬墓，但其墓室结构和平面布局都是模仿帝王宫殿或皇陵地宫设计的。他的墓道共有 6 个过洞、7 个天井、8 个小龛，最后才是前后两座墓室。在第一个过洞前的墓道两壁绘有城墙、阙楼、宫城、门楼及车骑仪仗，象征帝王都城、宫殿景象。第一天井与第二天井两壁绘有廊屋楹柱及列戟，列戟数目为两侧各 12 杆，与史书中所载宫门、殿门制度相同，过洞顶部绘有天花彩画，墓室及后甬道的壁上绘有侍女图，从其手中所持器物判断，也与唐代宫廷随侍制度相一致。从整座墓室及其墓道来看，它正是唐代宫廷建筑的缩影。

宋代的皇陵墓室由于缺乏相应的考古资料，所以人们对宋朝皇陵及墓室结构至今还不十分地了解。据一些史料记载，宋朝皇陵的墓室结构和用材、壁画艺术等多承唐制。当时，以砖刻表现建筑形象者很多，其中心墓室的四壁刻镂为四合院落，四周的正房、厢房、倒座房的式样，柱、额、椽、瓦俱在。有的甚至在墓室中雕出戏台，上置戏剧偶人，供墓主在冥间享用。

到了明清时代，许多大型墓葬及帝王陵墓都是砖石券洞结构。皇陵的墓室规模更加宏大，用材也更加讲究，其布局也完全是仿照四合院的形式。明定陵玄宫即由前室、中室、后室、耳室、甬道等部分组成，完全仿照宫殿的前朝、后寝、配殿和宫门建造，甚至每个殿（室）座的屋顶都照地面建筑形式制作出来,只是为了适应拱券的特点将前、中殿(室)改为垂直布置。清代的陵墓地宫充分利用石材特点,在石壁表面、石门上都雕满佛像、经文、神将等。

从地下墓室的发展来看,随着朝代的发展,皇陵地宫中的象征性建筑越来越少,而仿真的程度越来越显著,因此到了明清时代,出现了许多规模宏大的地下宫殿。

乾陵怪圈

乾陵位于西安西北方向的梁山主峰下,埋葬着唐高宗李治和大周女皇帝武则天。一对夫妇,两朝皇帝,合葬一室,这在全世界也是极其罕见的。乾陵修建于公元684年,历时23年。据史书记载,陵墓原有内外2重城墙,4个城门,还有献殿阙楼等许多宏伟的建筑物。乾陵也是考古界考证的目前唯一未被盗掘的唐代帝王陵墓。

由于乾陵至今也没有进行发掘,所以围绕乾陵的秘密有很多。有人在乾陵的航拍图上发现乾陵周围显示出大小不等的"怪圈"。查阅其他的航拍资料,甚至在二三十年代的照片上都发现了这种怪圈。古籍上并没有关于"怪圈"的解释,那么乾陵的怪圈究竟是什么?是一种地域划分还是军事防御的环壕?是麦田怪圈,还是乾陵陪葬墓?

这些奇特的"怪圈"通过特效处理后清晰的显示了出来,有一个圆环的直径约110米,环宽约3米,处在较为平坦的耕地中,呈淡淡的暗色调,与周围田野的色调可以清晰的辨别出来。除西南部约1/4不清楚外,圆环的其余部位十分规整,只是在一处道路经过处出现断缺。而较小的环形直径也有30米。专家认为这些圆环应该是历史遗迹,是人为制造并不是天然形成。但是这些遗迹虽然在航拍照片上被清晰地看到,但是在实地并没有什么迹象。

通过考察,专家发现所有的圆环均呈一个带状分布,虽然排列不整齐,但基本上处在一个带状区域内,围绕乾陵排列。另一个最大的圆环刚好以乾陵陪葬墓李瑾行的墓地为圆心。李瑾行的墓地位于乾陵梁山主峰东南方向约 3 千米的空旷田野上。但是在现场拍摄的大量照片却显示，现场和普通田地一样，看不到圆环的任何痕迹。

而航拍图出现的痕迹也有多种可能，比如一块土地曾经被人工挖掘过，即使又填回原样，但是土壤密度和含水量也会有变化，当太阳照射到上面时，反光就会不同而产生痕迹。但是航拍图的圆环被认为确实是遗迹，分布并不规律，其中的一些圆环已经有所残缺，据

陕西乾陵

推测还应有类似遗迹，但可能因自然侵蚀和平整土地等活动导致消失。

虽然实地考察找不到怪圈，但是专家们从该墓周围植物的生长状况发现了某些差异。据当地居民讲，他们在耕种的时候清楚地看到圆环所在的区域的庄稼比周围的矮许多，形成类似麦田怪圈。

但是有人否定了这种说法。因为大部分的麦田怪圈都出现在春天或者夏天，并且有着四个特征：(1)至今没有科学家可以证明麦田怪圈是人为的。(2)所有麦田中被编制复杂图案都不是由重量或力量造成，农作物的茎部只是变平，很少有被折断的痕迹。(3)麦田怪圈图案各不相同。(4)麦田怪圈的面积很大。而乾陵出现的环状遗迹都是极为规则的圆，没有复杂的图案，面积大小不等，也不受季节影响，因此考古学家认为，乾陵怪圈显然不是麦田怪圈。

那么其他的帝王陵墓是否出现过类似的怪圈？调查结果表明，怪圈是乾陵特有的现象。据说在 20 世纪 80 年代，地质研究人员对卫星照片进行分析时，就发现了这些环状结构的地质构造，其中有一个以乾陵为中

心的圆环,按照图示比例进行推算,其直径达到了 5 千米。但是由于工作性质的不同,地质研究人员并没有进行深入探究。如果从地质角度看,这些环形应该是自然界地壳运动形成的地质结构,是地表以下深部的构造,与人类活动关系不大。但这从根本上否定了人工遗迹的可能。

专家认为要解开乾陵怪圈之谜,研究的突破口应选在已知最大的环状遗迹上。这个圆环直径大约 110 米,圆心位置恰好是李瑾行的墓葬,圆环十分的规则。而作为乾陵陪葬墓之一,李瑾行的墓葬已被发掘。

据当地的老人说,民国初期这里曾经挖掘过壕沟。在解放战争年代,国民党军队也曾经在李瑾行的墓葬上修过堡垒,因为这是当时的一个制高点。这让一些考察人员产生了圆环是当年的战壕的推测,但这个猜测很快就被否定了。

因为这些壕沟有 3 米宽,而当时的战壕也没有这么大。另外战壕为何是圆形的呢? 这个无法解释。

历史上乾陵拥有至少 30 平方千米的广袤土地。乾陵历来被兵家看成军事设施的绝佳之地。秦始皇曾在此建梁山宫,唐安史之乱后期这里一度为叛军所占据。所以有人说,即使不是近代的战壕,圆环可能是古代战时壕沟的遗迹,然而这同样无从证实。

还有人认为圆环是修建李瑾行墓葬时的一部分,隶属于这座陪葬墓。李瑾行是唐代一个出身少数民族的将领,他和父亲在唐朝为官,受到武则天的器重,因此他的墓葬作为乾陵的陪葬墓。但唐代陵园都是方形或长方形结构,圆形的没有被发现,不过并不排除这种可能。因为有解释说,这种圆形结构和李瑾行的少数民族信仰有关系,但也不能确定圆环属这座乾陵陪葬墓的建筑遗迹,因为这片地域自从新石器时代起,就一直有人类活动。

也有人认为这些环状遗迹可能是盗墓者留下的。乾陵是目前考古界公认未被盗掘的唐代帝王陵墓,乾陵也因此被传为"盗不了的墓",如果这些环状遗迹真为盗墓者所为,那么后果不堪设想。事实上,乾陵历史上多次被企图盗掘,甚至大规模盗掘的事件也比比皆是。唐末黄巢曾率领 10

多万大军几乎把乾陵挖了个底朝天,五代耀州刺史温韬发动军民共同盗墓,民国初年孙连仲带领军队在乾陵安营扎寨,日以继夜地挖了几个月。

但是这些盗墓行为到底成功了没有,无从考证。史料上有关他们盗墓不成功的记载多具有神话的色彩。例如,记载温韬那次盗掘因风雨大作而没有成功,这个说法是真是假,并没有其他资料可以佐证。但是专家们认为乾陵并未盗掘成功,其原因是:(1)乾陵墓道十分的隐秘。墓道是由外界通往地宫的唯一通道,地宫修建完成后,大门关闭便永远无法打开,为防止盗掘,帝陵修筑者通常会把墓道蜿蜒曲折并隐藏起来,外人无法知晓。而乾陵的道口是建国后才被发现的,20世纪60年代国家曾经组织考古队对墓道进行了清理,当时考古学家进入墓道,发现从墓道入口到地宫大门的这段空间中,根本没有人进入过。考古学者一直清理到墓室大门,发现墓道中的石刻都完好无损。(2)乾陵被称为中国墓葬修筑史上的一个奇迹,因为它太坚固了。乾陵是因山为陵,整座山就是墓室的防护层,而地宫所在地点直到现在都无法确定,也就是说除非将整座山全部打开才能找到地宫,而仅靠运气找到地宫基本上是不可能的。

但也有专家并不认同乾陵坚固的说法可以排除被盗掘的可能性。有发掘陵墓经验的人都知道,中国帝王的陵墓或者古墓,进行到99%时都感觉墓葬是完整的,直到铲最后一下才发现墓室早有人光顾,而且已经搬空了。因为盗墓者不走墓道,那里可能有机关,太过危险,他们通常从人们无法想象的地方进入。

那么这些怪圈是不是盗墓者所留呢,很难确认。它们所代表的具体含义和形成原因究竟是什么,还需进一步研究。

为何会有两座包公墓?

包公,姓包名拯,字希仁,庐州合肥(今安徽合肥)人,出身于官僚家庭,是我国宋代一位杰出的政治家。生于北宋咸平二年(999年),天圣朝进士,累迁监察御史,建议练兵选将、充实边备。奉使契丹还,历任三司户部判官,京东、陕西、河北路转运使。入朝担任三司户部副使,请求朝廷准许解盐通商买卖。改知谏院,多次弹劾权幸大臣。授龙图阁直学士、河北都转运使,移知瀛、扬诸州,再召入朝,历权知开封府、权御史中丞、三司使等职。嘉祐六年(1061年),任枢密副使。后卒于位(1062年),谥号"孝肃"。包拯做官以断狱英明刚直而著称于世。知庐州时,执法不避亲党。在开封时,开官府正门,使讼者得以直至堂前自诉曲直,杜绝奸吏。立朝刚毅,贵戚、宦官为之敛手,京师有"关节不到,有阎罗包老"之语。后世则把他当作清官的化身——包青天。生前如此,死后亦如此,因此包公墓即成为人们关注的问题。

明代嘉靖三十四年修《巩县志》载,包拯墓在"巩县西宋陵"中,清代顺治以后各时期版《河南通志》皆如此记载。"巩县西宋陵"即今河南省巩义市西南北宋王朝9个皇帝的陵墓,习惯称"巩县宋陵",其中陪葬真宗陵侧的一座高约5米的圆形冢墓就是包公墓,因此,"巩县宋陵"也成为旅游胜地。

但人们又在安徽省合肥市东郊大兴乡双圩村的黄泥坝发掘出了包公及其夫人董氏墓、长子包绍夫妇墓、次子包绶夫妇墓、孙子包永年墓,淝水岸边出土的墓志铭都确凿地记述了包公的生平,补充和修正了一些史实,也确切证实了此墓为包氏族墓。

为何包公有两个墓呢?合肥包氏族墓为包公墓,这是有确切史料记载,那么巩义市的包公墓是怎么回事呢?陪葬真宗陵侧的包公墓另有他意?巩义市包公墓从明嘉靖三十四年开始,清顺治以后各时期《巩县志》均有记载,至少经历五六百年,说明巩义市包公墓从明代就已存在。那么,巩义市包公墓究竟修建于何时?里面埋葬的是什么?为什么要修这座墓呢?这是人们尚未解开的谜团。

两座包公墓还未解开,合肥包公墓也出现了许多疑团。根据出土的墓志铭记载,包公本人是"皇舅",这是很少人知道的。另外,在合肥包公墓墓地中轴线的西南部,有一座较大的封土堆,高约4米,底径10米,整个外形略大于包拯夫妇墓。从这个封土堆的地表再往下深挖3米,都是清一色的生土,可见这是一座典型的"疑冢"。但是为何要设"疑冢"呢?大多数人认为是故布疑阵,防止包公墓被盗。

西夏王陵

西夏王陵位于宁夏回族自治区银川市西约 30 千米的贺兰山东麓。是西夏王朝的皇家陵寝,在方圆 53 平方千米的陵区内,分布着 9 座帝陵、254 座陪葬墓,是中国现存规模最大、地面遗址最完整的帝王陵园之一。被世人誉为"神秘的奇迹"、"东方金字塔"。

公元 770 多年前,西北大地建立了一个与宋、辽鼎立的少数民族王国——"大夏"封建王朝。因其位于同一时期的宋、辽两国之西,历史上称之为"西夏"。1227 年,蒙古成吉思汗的大军攻下了西夏王朝后,对西夏党项人进行了毁灭性的杀戮。这个在战火中湮灭的西夏王朝在历史典籍中记载极少,《二十四史》上也没有对西夏王朝的记录。因此,西夏王朝留给后人的是无数的谜团。但随着西夏王陵的发现,西夏王朝的历史也开始露出水面。

西夏王陵内现存 9 座帝陵,分别为裕陵、嘉陵、泰陵、安陵、献陵、显陵、寿陵、庄陵、康陵,坐北面南,按昭穆(古代宗法制度)宗庙次序。(左为昭,右为穆;父曰昭,子曰穆)葬制排列,形成东西两行。西夏王陵每座帝陵陵园均是一个完整的建筑群体,占地面积在 10 万平方米以上,坐北朝南,平地起建,整个王陵气势恢宏。

西夏王陵所处的地带地势平坦,被山洪冲刷出的道道沟坎纵横交错。但令人惊奇的是,没有一条山洪沟从帝王陵园和陪葬墓园中穿过。西夏建陵近千年,贺兰山山洪暴发不计其数。但是,沿贺兰山一线,仅有西夏陵区这片土地没有遭受山洪袭击。原因何在?至今是谜。

西夏陵园内最为高大醒目的建筑,是一座残高 23 米的夯土堆,状如窝头。仔细观察,其为 8 角,上有层层残瓦堆砌,多为 5 层。于是有学者认定,它在未破坏前是一座八角五层的实心密檐塔,"陵塔"之说便屡见报端。但塔式建筑缘何立于陵园之内,其功能、作用为何? 则少有人说得清楚。至于这座"陵塔"又为什么建在陵园的西北端,学术界的说法有许多,至今不见有公认结论出现。

关于西夏王陵还有 4 个未解的自然之谜:(1)西夏王陵的夯土主体为什么没有损坏? 王陵的附属建筑都已毁坏了,但以夯土筑成的王陵主体却巍然独存。根据年代推算,这些王陵最晚的一座也超过了 700 年,如此漫长的岁月,许多砖石结构都已土崩瓦解,为何夯土建筑却依然完好? (2)王陵上为什么不长草? 贺兰山东麓是牧草丰美之地,处处长草,唯独王陵上寸草不生。有人说陵墓是夯土筑成的,既坚硬又光滑,所以不会长草。可是石头比泥土更坚硬,只要稍有裂缝,落下草籽,就能长草,陵墓难道一点儿缝隙也没有吗? 有人说当年建造陵墓时,所有的泥土都是熏蒸过的,野草难以得到养分,所以长不出草来。可是熏蒸的作用能持久近千年吗? 何况陵墓上难免有随风刮来带有草籽的浮土。(3)王陵上为什么不落鸟? 西北地区尽管人烟稀疏,鸟兽却相对要多一些,尤其是繁殖力较强的乌鸦和麻雀,它们几乎随处歇脚,可是唯独不落在王陵上。(4)西夏王陵的布局是否刻意安排? 比如按"时间顺序"或者说"帝王的辈分"由南向北排列——但是实际上,从高空俯视,这些王陵好像是组成了一个什么图形:有人说可能是根据八卦图形定位,也有人说那是风水安排的。可是最早一个国王的逝世到最后一个国王的逝世,时间相差近 200 年,谁能事先估计到西夏王国要传多少代王位呢?

所有这些谜团还有待后人来破解。

武则天为何用"外国使者"的头颅守陵

乾陵位于陕西乾县梁山之巅,距离西安约 80 千米,是唐朝皇帝高宗李治和中国唯一的女皇武则天的合葬墓。在乾陵陵园朱雀门外的东西两侧,分布着 61 尊石人像,采用圆雕的手法,石人像残高在 1.5～1.77 米,和真人身材相似,人们在习惯上称其为"番像"、"宾王像"。用"外国使者"

守陵这在中外历史上都是罕见的,因为守陵是臣子的职责,而使臣是一个国家的象征,更加奇怪的是,这些石像大多丢失了头颅。人们不禁要问,乾陵为何要用"外国使者"守陵呢?为什么这些守陵者没有头呢?

研究人员发现这些石人像大多身穿圆领紧袖的左衽武士袍。衽,也就是衣襟,历史上,我国中原一带人民大多右衽,而少数民族的服装,前襟向左,叫左衽。右衽和左衽也成为区分汉人和胡人的一个重要标志。由此可以发现,在这些石像当中不仅有游牧民族,还有西域以及唐朝周边的少数民族。

而且这些石人像无一不抱着笏板。所谓笏板,是我国古代大臣上朝时手持的狭长板子,一般用象牙制成,在上面记载上朝要说的事。此外,还有20多尊石像身上发现了"玉袋"。所谓玉袋,就是唐代五品以上的官员以及都督、刺史随身携带的装官印的袋子。这些都在提示我们这些石像都是唐朝身居要职的官员,而不是使者。

据宋朝赵楷在为游师雄《乾陵图》所写的"记"中说"乾陵之葬,诸蕃之来助者何其众也。武后曾不知太宗之余威遗烈,乃欲张大夸示来世,于是录其酋长六十一人,各肖其形,镌之琬琰,庶使后人皆可得而知之"。所以后人据此都认为这些番臣都是来祭奠唐高宗的人。如果从唐高宗、武则天统治时期,唐朝国势强盛,边境少数民族纷纷臣服出发,在为高宗举行葬礼时,归降的少数民族领袖都来参加,为了彰显皇威,武则天命人按照这些参加葬礼的首领的装束和模样,雕刻成石像,似乎也有道理。

但研究者还发现,有的乾陵石人群像背后有不少开头写有"故"字,说明他们在石人像未雕刻完成时就已经去世。如西侧的阿史那弥射石人像名字前就带有"故"字。据记载,阿史那弥射是西突厥的首领,曾经被封为骠骑大将军。唐高宗继位后,阿史那弥射成为唐王朝的一名地方最高军政长官,于公元662年去世。而唐高宗是在公元683年病死,并在次年葬于乾陵的。那么,在唐高宗死前20余年就已经去世的阿史那弥射是不可能参加唐高宗葬礼的。而像阿史那弥射这样在名前刻"故"字的石人像竟然有十余个,这更加说明乾陵石人像群并不是唐高宗或武则天入葬时来

这些"守陵人"没有头颅

参加祭奠的人。

既然石像不是高宗逝世后，武则天所立，那么究竟是什么时候雕刻的呢？据史书记载，石人像在最初竖立时，背部都刻有他们的国名、官职和姓名。然而，现在只有少数可以辨别名字，其他的已经模糊不清了。

北宋年间，陕西转运史游师雄曾"访奉天县旧家所藏拓本完好者摹刻石碑"，寻找到石人像背部的人名样本，刻成4块石碑，分别立于东西石人像之前。但是可惜的是到了元代只剩下3块且有残余。元人李好文在《长安志图》只录出39人的官衔和姓名。清代叶奕苞《金石录补》中录出38人。到现在番臣像上留有名衔的只有6人，其官衔可考者不过36人，其中有些人的生平事迹在唐代史书里有记载。

乾陵石人像中有波斯王卑路斯，他的父亲伊嗣侯是波斯国王，贞观十

三年(639年)派使臣到长安进献活蛇。伊嗣侯受大食驱逐,后被大食人所杀。其子卑路斯继位后,又遭大食侵袭,向唐王朝告急。因为两国相隔太远,不便出兵,为了表示对波斯的声援,以疾陵城为波斯都督府,封卑路斯为波斯都督,但仍为大食所灭。卑路斯逃到长安,封左骁卫大将军。唐高宗仪凤二年(677年),卑路斯请求唐廷在长安城内建造了一座波斯寺,最后客死于长安。

在唐书中记载的这些事迹大多发生在武则天至唐中宗执政时期,由此可见这批石人像也是在那个时候雕刻完成的,并且在武则天下葬乾陵后才被竖立起来。

在历史上,高宗、武则天统治时期,唐朝国力空前强大,统治势力北逾大漠,西越葱岭,达到中亚的两河流域。周边少数民族与唐朝来往密切,很多少数民族首领被任命为唐朝的地方官,同时担任十二卫大将军等职。根据这种情况,神龙元年(705)唐中宗在埋葬武则天时将曾在朝廷中任职的番酋60余人,雕刻成像置于乾陵,以反映唐高宗及武则天的统治权力及各民族对唐王朝的臣属关系。

乾陵现存番像共有61尊,东边29尊,西边32尊。但是这样的不对称摆放不符合中国古代的建筑风格,于是有学者怀疑番像并不是61尊。后来,人们在乾陵的东侧陵园区发现了2块未完成的毛坯石料。石料高2.45米、宽0.86米,正符合一个石人的大小。后来,人们又在不远的地方发现1尊未完成的石像,算在一起,乾陵的番臣像正好是64尊。

乾陵番臣像在明代中后期遭到了很大的破坏,许多都已无头。到20世纪初,所有石像的头部均已失去。但是这些石像究竟是如何丢失的呢?

一种说法称,唐代初年,北方有位突厥族可汗名叫阿史那元庆,文韬武略,智勇双全,深受部落民族爱戴,不知何故,有人雕刻了他的石像立于乾陵,他的儿子阿史那石明得知后,极为不满,于是便扮作喇嘛来到乾陵,一看果然如此,顿时怒从心中起,举起石块就要砸碎石像,却被护陵人发现,毒打一顿赶出陵园,他因此怀恨在心,便想出借刀杀人之计。一天,趁夜黑窜入石像附近的农田大肆践踏庄稼,却造谣说是石像作祟,只有砸掉他的头,才能免除祸殃。老百姓信以为真,纷纷冲上乾陵,砸碎了石像头。阿史那石明趁机捡回了父亲的石像头,用包袱裹着背回家,从此乾陵上的石像就成了无头石像。

另一种说法认为是八国联军侵华时,看见唐乾陵前立有外国使臣的群像,感到有辱洋人的脸面,于是把石人的头砍掉了。但据历史学家考证,八国联军当时并没有到过乾陵。

还有一种看法认为,明嘉靖三十四年,也就是公元 1555 年 1 月 23日,陕西华县一带发生了历史上著名的关中大地震,震级达到 8～11 级。华县距乾陵只有 100 多千米,属于震中地带,乾陵也因此遭受到了毁灭性的打击。专家们推断,关中大地震是造成番臣像头部断裂的主要原因之一。因为不仅是番臣像,乾陵许多石像石马毁坏的部分恰好也都是头部。专家还认为除了石像颈部脆弱之外,还有一个重要的原因就是石像的材质。因为当时雕刻采用的石料有一些石瑕,即从石料上可以看到的一些浅色的线条。石头受损时,最容易从这些地方开裂。61 尊番臣像一部分就毁于这次大地震。其余的石像很可能毁于距今五六百年前的明末清初的屡次战争。

虽然石像被毁的主因无法判断,但是不难看出,石像的丢失和损坏有人为因素,也有自然因素。